ORIGINAL
FERRARI V12
1965-1973

フロントエンジンV12ロードカー

キース・ブルーメル著
小川文夫訳

ORIGINAL
FERRARI V12
1965-1973

by Keith Bluemel

Edited by Mark Hughes

ORIGINAL FERRARI V12 1965-73

2000年6月15日　発行
著者＝Keith Bluemel
翻訳者＝小川文夫（ヴィンテージ・パブリケーションズ）
発行者＝渡邊隆男
発行所＝株式会社　二玄社
東京都千代田区神田神保町2-2　〒101-8419
営業部：東京都文京区本駒込6-2-1　〒113-0021
電話＝03-5395-0511
ISBN4-544-04069-8

Ⓒ MBI Publishing Company, 1999

Printed and bound in China

Ⓡ《日本複写権センター依託出版物》
本書の全部または一部を無断で複写複製すること
は、著作権法上での例外を除き、禁じられていま
す。本書からの複写を希望される場合は、日本複
写権センター（03-3401-2382）にご連絡ください。

カバーデザイン＝Sur 小倉一夫

Contents

序文	6
1. 500 Superfast	7
2. 365 California	16
3. 275 GT Berlinetta	24
4. 275 GT Spider	42
5. 330 GT 2+2	49
6. 330 GTC/S & 365 GTC/S	59
7. 365 GT 2+2	71
8. 365 GTB/4 & 365 GTS/4	80
9. 365 GTC/4	96
10. 365 GT4 2+2	106
11. スペシャルモデル	114
12. コンペティションモデル	118
補遺	127
Index	128

序文

250ヨーロッパGTに始まるフェラーリ250GTモデルの生産は10年間にわたって続いたが、1964年の250GTルッソと250GTOでついに幕を閉じ、パワーユニットとして長い間使われてきた3ℓのV12プロダクションエンジンもその任を解かれた。

本書はそれ以降、1965年から73年にかけて生産されたフェラーリのロードカーを収録する。すなわち、ふたつの限定生産モデル、500スーパーファストと365カリフォルニア、3.3ℓの275GTシリーズ、4ℓの330GTシリーズ、そして4.4ℓの365GTシリーズである。1963年、4ℓユニットを積む250GTE 2+2が50台生産され、このモデルは330アメリカと呼ばれた。しかしこれはまったく新しい330GTというよりも、むしろ250GTの発展モデルであり、本書の主題からは外れる(第11章"スペシャルモデル"に収録)。

本書に収録のモデルは、総排気量(5ℓ)にちなんだ名称が付いた500スーパーファスト以外は、すべて250GTシリーズと同様、1気筒あたりの排気量の数字をモデル名としている。いくつかのモデルは1965年以前に生産が始まっており、また365GT4 2+2は1973年以降も造られ続けたが、前述の330アメリカとミドエンジンの250／275LMを含めないために、1965年から73年というスパンを設定した。250／275LMはロードカーの姿をしたコンペティションマシーンで、250GTシリーズの発展モデルとしてGTクラスのホモロゲーションを受けようと(この企ては失敗に終わるが)、フェラーリ独特のシャシーナンバーの付け方に則ってロードカー用の"奇数番号"が割り振られた。本来、コンペティションカーに使われるのは"偶数番号"であった。このナンバリング方法はロードカーの番号が7万5000番に達するまで続いたが、以後はロードカーに奇数と偶数、両方の番号が与えられ、コンペティションモデルには別なシリーズ番号を用いた。

1965年の時点では、すべてのモデルが全世界で販売されていた。仕向け地による唯一の大きな違いは、ステアリングホイールの位置であった。アメリカ市場専用として左ハンドル仕様しか造られなかった275GTS/4 NARTスパイダーを除いて、全モデルに左ハンドル／右ハンドル仕様が用意された。当初、それ以外の仕様差は、フランス向けのヘッドランプ・イエローバルブくらいしかなかった。ところが1960年代末から、アメリカで安全と排ガスに関する新しい規制が次々と制定され、フェラーリはその重要なマーケット向けにそれらの規制に適合したアメリカ仕様車を用意した。

しかし年々厳しくなるいっぽうの規制に対応しきれずに、1973年に365GTB/4の後継として登場したミドエンジンの365GT4/BBでは、アメリカ仕様が造られなかった。フェラーリが365GTB/4を延命し、1974年の初めにV6のディーノ246GT／GTSにV8のディーノ308GT4を加えるまでの一時しのぎとしたのはそのためである。フェラーリのような小規模のメーカーにとって、アメリカの規制に対応するにはあまりにも負担が大きく、次の12気筒フェラーリがアメリカ市場にお目見えするのはさらに10年後のこととなる。それが1984年のテスタロッサである。このモデルは最初から全世界をターゲットに設計され、わずかな変更でアメリカの規制に対応できた。

ACKNOWLEDGMENTS

Stuart Adams, Paul Baber, Robert Beecham, Mario Bernardi, Gordon Bruce, David Cottingham, Graham Earl, Peter and Suzanne Everingham, Ferrari SpA, Michitake Isobe, Kevin Jones, Ian Kuah, Lucas Laureys, Steve Lay, Seamus McKeown, Allan Mapp, Marcel Massini, Michael Phillips, Dyke W. Ridgley, Kevin O'Rourke, Rob O'Rourke, Jess G. Pourret, Gregor Schulz, Nicolaus Springer, Jacques Swaters, Guy Tedder, Brandon Wang, Malcolm West, Mike Wheeler, Miles Wilkins.

PHOTOGRAPHIC CREDITS

Dennis Adler, Tim Andrew, Keith Bluemel, Simon Clay, Michitake Isobe, Ian Kuah, Marcel Massini, Dieter Rebmann, Gregor Schulz.

Chapter 1
500 Superfast

最初のピニンファリーナのショーカーで、広報写真にも登場するシャシーナンバー05951SFの500スーパーファスト。サイドランプ/ウィンカー部の処理はこの車にしか見られないもので、フロントフェンダー側面のルーバーは初期型の11枚である。全長の長いボディにもかかわらず、きわめて優雅なプロポーションをしている。

　1964年のジュネーブショーで発表された500スーパーファストは、スーパーファストの名が付いた一連のクーペの最後を飾るモデルである。初めてその名を冠したモデルが現れたのは、1956年のパリサロンに遡る。以後1964年までに製作されたスーパーファストはいずれもワンオフのショーモデルで、以後の市販モデルに影響を与えた。この500スーパーファストはきわめて裕福なごく限られた顧客のためのクーペで、非常に高価なうえ、生産台数も少ない。その希少価値を反映して、1965年1月の時点でイギリスでは、500スーパーファストに1万1518ポンド15シリングの価格が付いた。これは275GTBのほぼ2倍、250LMコンペティションベルリネッタと同じ価格であった。別な言い方をすれば、ロールス・ロイスのシルバー・クラウドⅢが2台、あるいはミニなら24台が買える金額である。むろん世の中には大金持ちがいるもので、アガ・ハーンⅣ世やイラン国王、俳優のピーター・セラーズなどを顧客として、1964年から生産終了の1966年までに36台が造られた。いずれ

もトリノのピニンファリーナで製作されたボディに、マラネロのフェラーリの工場でメカニカルコンポーネンツが組み込まれた。

500スーパーファストのシャシーフレームは同時期に生産された330GT 2+2がベースである。後者が1965年に変更を受けた結果、スーパーファストにも変更が加えられ、シリーズⅠ、シリーズⅡという呼称が生まれた。この区別については、やや矛盾がある。というのも、一般には4段ギアボックスを備えフロントフェンダーのルーバーが11枚の車をシリーズⅠ、5段ギアボックスを積みルーバーが3枚の車をシリーズⅡと呼んでいる。生産指示書を見ない限り、それぞれの車本来の仕様を正確に知ることはできないが、筆者が入手できた情報によって確実だと思われるのは以下の仕様である。9台めの生産車（シャシーナンバー06039）がオーバードライブ付きの4段ギアボックスと3本のルーバー、10台め（06041）がオーバードライブ付きの4段ギアボックス、そして11台め（06043）と13台め（06303）がどちらも5段ギアボックスと3本ルーバーを備えている。このように、2番めのシリーズが始まったとされる車よりも、少なくとも10台前の車が5段ギアボックスを搭載し、また4段ギアボックスで3本のルーバーが付いた車も1台は存在する。つまり、装備がオーバーラップする時期、あるいは移行期があったことは確かであり、結果的に筆者は、4段ギアボックスを初期の車、5段ギアボックスを後期の車と呼ぶにとどめておきたい。330GT 2+2と同じホイールベース2650mmのシャシーをベースに造られているにもかかわらず、500スーパーファストは完全な2シーターで、シートの後方は内装が張られた荷物置き場となっている。

生産時期中頃の車、シャシーナンバー06307SFは変わったペイントを施されている。最高級の高速グランツーリスモよりも、コンペティションカーにふさわしいカラーリングだ。どの角度から見ても、流れるようなラインが際立っている。

500 Superfast

イギリス登録の右ハンドル仕様車、シャシーナンバー06661SF。後期モデルに見られる3本ルーバーを備える。

同じく右ハンドル車。Nocciolaという名のメタリックゴールド塗装の06679SF。1965年のロンドンショーで展示された後、最初のオーナー、俳優のピーター・セラーズの手に渡った。

ファクトリーでは、この500スーパーファストに専用のオーナーズハンドブックやスペアパーツカタログを発行せず、"Brevi Istruzione Per 'Uso E Manutenzione' Vettura 500/Superfast"というタイトルの付いた紙きれが1枚用意されただけだった。そこには、ベースとなった330GT 2+2のシャシーとの主な仕様差が記されていた。

ボディ／シャシー

前述したように500スーパーファストのシャシー（ティーポ578）は、基本的には330GT 2+2と同じものである（ホイールベースは2650mm）。わずかな違いとしては、エンジンマウント（より大型なエンジンを積むため）とボディ取り付け部分（ボディスタイルが異なるため）などが挙げられる。メインフレームは2本の楕円鋼管から成る。その鋼管が、コの字断面のフロントクロスメンバーから、エンジンの両側を通ってキャビンの下に伸び、リアアクスルの上で弧を描いて、テールに達する。そして縦および横方向の角型断面サブフレームが、キャビン下のメインフレームと、ボディ保持フレームとを結ぶ（後者にボディシェルが溶接される）。シャシーの標準的な仕上げは光沢のある黒い塗装だ。このシリーズ初期の車は、ファクトリーの生産指示書でシャシーナンバーの末尾に"SA"（SuperAmerica）が付いたが、後期の車ではそれが"SF"（SuperFast）となった。

ボディデザインはピニンファリーナの作で、様々な400SAおよび410SAモデル、そして何年にもわたって製作の続いてきたスーパーファストのショーモデルから発展したものである。"ショートノーズ"の275GTBより485mmも長い4820mmというサイズにもかかわらず、

寸法／重量	
全長	4820mm
全幅	1730mm
全高	1280mm
ホイールベース	2650mm
トレッド前	1397mm
トレッド後	1389mm
乾燥重量	1400kg

ボディ後部のバッジは個々の車で異なる。シャシーナンバー06673SFではフェラーリとピニンファリーナの旗が交差したバッジの下に"Ferrari superfast"の文字がある。06679SFでは"500 superfast"。06661SFでは旗のバッジだけだが、代わりにテールパネルにフェラーリの文字が付く。

500スーパーファストのボディはきわめて優雅で華奢な姿に見える。流れるようなボディラインが、楕円形のラジエターグリルからキャビンへと向かい、カーブの付いたフロントウィンドーのピラーと大きなガラス面、急角度で傾斜したリアウィンドーと両側の細いピラー、そしてトランクリッドを経て、ほっそりとしたカムテールへと途切れることなく続いている。優雅の極地のなかにもスピード感があり、たたずむ姿でさえ動いているように感じられる。

ボディはスチールパネルの溶接で作られているが、ボンネットとドア、そしてトランクリッドはスチール製の枠とアルミパネルの組み合わせである。1965年の半ばまでに造られた初期の車では、両側のフロントフェンダーにエンジンルームのエア抜き用ルーバーが11本ずつ備わる。後期の車ではルーバーが3本となり、その周囲の上下および前端にはポリッシュ（磨き上げ）仕上げのアルミトリムが付く。ヘッドランプはフロントフェンダーの深い窪みに装着されるが、パースペックス製カバーは標準では付かない。だが、少なくとも顧客のひとりはそれを求めた（シャシーナンバー06039）。

外装／ボディトリム

500スーパーファストのフロントは、奥行きの浅い楕円形のラジエターグリルと、その中に見える薄板を組んだ格子が特徴的だ。グリルの中央にはカヴァリーノ・ランパンテ（跳ね馬）が飾られ、周囲にはポリッシュアルミのトリムが付く。ラジエターグリルの両端には、フェンダー側面に回り込んだ形の左右2分割式のメッキ仕上げスチール製バンパーが備わる。このバンパーには、フェンダー先端に装着のサイドランプを避ける半円形の切り欠きがある。広報写真に写っている最初のピニンファリーナのショーカーでは、その切り欠きがなく、横に楕円形のサイドランプがバンパーとヘッドランプの窪みの間に付くほか、テールランプの処理も異なる。リアには、フロントと同様なスタイルの左右2分割式のバンパーを装着。左右のバンパーの間、テールパネルにはナンバープレートハウジングが位置する。

ラジエターグリルとボンネット前端部の間のノーズパネルには、縦長の四角いエナメル製フェラーリ・エンブレムが飾られている。フロントフェンダーのホイールの後方、下寄りには、ピニンファリーナの文字が入った横に細長い矩形のバッジと、紋章をかたどったバッジが付く。リアのバッジは車によって異なるが、トランクリッ

ドの後ろに、フェラーリとピニンファリーナの旗が交差したバッジが付く点は共通している。一部の車ではこの旗の下に何もバッジがなく、代わりにテールパネルの中央上端にフェラーリの文字のバッジがある。それ以外の車では、旗のバッジの下にさらにバッジが付いた。このバッジは最も多いのが"Superfast"で、"500 Superfast"や"Ferrari Superfast 500"の場合もある。

何の飾りもなく平らなボンネットはフロントヒンジで、左側前端付近に付いたステー、またはヒンジ部のスプリング式機構で保持される。光り物の類は以下の箇所に使われている。フロントおよびリアウィンドー周囲のトリム、ドアのガラスフレーム、ウィンドーワイパーアームとブレードのフレーム部分、外気導入用のグリル（ボンネット後端とフロントウィンドーの基部との間）、ヘッドランプリム（以上すべてメッキ）、フロントフェンダーのルーバーを囲むポリッシュアルミのトリム（後期生産車のみ）、サイドシルに付いた前後のジャッキアップポイントを塞ぐメッキのプラグ、ナンバープレートランプのシュラウド、そして亜鉛鋳造品でメッキ仕上げのドアハンドルと、その下の丸いキーロックである（引き上げて引っ張る方式のこのドアハンドルは330GT 2+2と同様）。

ガラス類はすべて無色で、フロントウィンドーには合わせガラスを用いた。ウィンドーワイパーは作動スピードが2段階切り替え式で、オートストップ機能を備え、

アームは左ハンドル車では右側に、右ハンドル車では左側に停止する。ドアは開閉可能な三角窓を備え、前期生産車では前側の下隅にある留め金を外して、後期生産車ではドアトリムパネルに設けられた黒いプラスチック製ノブを回して、それぞれ開閉する。

塗装

当時のフェラーリには、ボディの塗色に幅広い選択肢が用意されていた。275GTBの章で述べていることが500スーパーファストにもあてはまる。ピニンファリーナで製作された500スーパーファストには、原則としてPPG社またはデューコ社の塗料が使われているはずである。275GTBの章の一覧表に、用意されていたカラーをすべて示す。ただし、このような高級で高価な車にあっては、顧客が気まぐれにどんな色を望んでも、フェラーリはそれに対応した。

内装／室内トリム

標準のシート張り地はすべて本革で、その色の選択肢については275GTBの章（33ページ）に一覧表を収録したので参照されたい。2脚のシートはシートレールに取り付けられ、クッションの前端下に前後の位置調整レバーが備わる。バックレストは、シート基部の外側後端のノブによって角度調整が可能で、シートの後ろ側に荷物を出し入れする際は前方に倒すこともできる。後部の荷物置き場には、3本のアルミ製の保護バーが水平面および垂直面に取り付けられ、また丸い上部クッションの後ろにあるパーセルシェルフから2本の革製ストラップが伸びている。このパーセルシェルフは通常は黒のビニールだが、顧客は内装と同じ色を選ぶこともできた。

ドアのアームレストから下はマップポケットとなっており、上部のプルタブを引くとパネルが開く。ドアフレームの後端には細長い赤のランプが付き、ドアが開いた際に後方に注意を促す。アームレストの前端にはメッキのドアレバーが備わり、その斜め上に同様な仕上げのパワーウィンドー用スイッチ（運転席側は2個、助手席側は1個）が位置する。やや下方には、モーターの故障時に応急用のハンドルを差し込むための丸い穴があるが、通常はプラグで塞がれている。ドアの前方下側の部分にはメッキの金属板が張られる。サイドシルのドアと接する面も同様である。

フロア、インナーシル、バルクヘッド、そして後部荷物置き場下の垂直面はカーペット張りで、通常は筋の付いた黒いラバーマットが運転席側および助手席側に敷かれる。カーペットの色については275GTBの章（32ページ）に示す。センターコンソールを囲むパネル、後部センタートンネル、ドアトリムパネル、リアホイールアーチの室内側、そして後部の荷物置き場はシートと揃いの

500スーパーファストの内装は明るい色の本革張りで、とても感じが良い。豪華で広々としている。これは右ハンドル仕様のシャシーナンバー06661SF。

色の本革張りである。ダッシュボードの上面と下面、メーターナセルの周囲、センターコンソールの水平な面、そしてドア上部の保護パッドは、標準では黒いビニール張りとなる。センターコンソールの垂直な面には通常、ダッシュボードの化粧パネルと同様なチークのベニヤが張られたが、コンソールの水平な面と同じ黒いビニールを使った場合もあった。

天井の内張りは原則としてアイボリー色で溝の付いたビニールだが、内装トリムと同じ色の場合もある。ルーフフレームとクォーターパネルも同様なビニール張りだ。そして、同じビニール張りでパッドの入ったサンバイザーが備わる（助手席側はバニティーミラー付き）。フロントウィンドーの上部フレームには防眩型ルームミラー（ルームランプ内蔵）が付いた。ルームランプはそれ以外にも天井に2個、足元に2個設置され、ドアの開閉と連動して、あるいはダッシュボードのスイッチ操作で点灯する。

メッキ仕上げのシフトレバーは、センターコンソールの前寄りに位置する。ノブは黒いプラスチック製で、レバーの根元には内装トリムと同色のブーツで覆われている。その後ろにあるのがメッキの灰皿で、蓋にはフェラーリとピニンファリーナの旗が交差したバッジが付く。それより後方のセンターコンソールはトレイになっている。ハンドブレーキはセンタートンネルの脇、ドライバー側のフロアから突き出ており、やはり内装と同色のブーツが被されている。

ダッシュボード／計器類

ダッシュボードの化粧パネルとメーターナセルにはチークのベニヤが張られている。ナセルの周囲とダッシュボードの上面は黒いビニール張り、縁の部分はパッド入りである。これは下面も同様だ。上面のフロントウィンドーに沿った部分には、デフロスターの細い吹き出しスロットが設けられている。助手席側には蓋の付いたグローブボックスがあり、その中には照明が取り付けられた。

ステアリングホイールはウッドリムと、飾りのないアルミ製スポーク、アルミ製ボス、そしてホーンボタンの組み合わせである。このボタンは中央が黄色、外側が黒いプラスチック製で、跳ね馬のマークが入る。ステアリングコラムの左側からは、先端に黒いノブの付いたメッキ仕上げのレバーが2本突き出ている。短い方がウィンカー用、長い方がサイドランプ／ヘッドランプ切り替え／パッシング点灯用のスイッチである。初期の車では、ステアリングコラム右側にオーバードライブ操作用のレバーがある。ドライバー側フットレストの上方には、フロア設置型のウィンドーウォッシャー用プッシュボタンスイッチが位置する。

ドライバーの前面にあたるメーターナセルには、スピードメーターとタコメーターが収まり、その間に油圧計と油温計、そして水温計が三角形に並ぶ。スピードメーターの文字盤にはオドメーターとトリップメーター、そしてウィンカーインジケーターとサイドランプ点灯警告灯を内蔵。タコメーターの文字盤にはリアウィンドー熱線、ヘッドランプハイビーム、電磁式フューエルポンプの各警告灯が組み込まれている。センターコンソールの上部で、ドライバー側に文字盤を向けて並ぶのは、時計、アンメーター、そして燃料計（残量警告灯付き）である。計器類の下がラジオで、初期の車ではそのすぐ下にスピーカーが付いた。後期の車ではスピーカーが2個となり、ダッシュボードの下、コンソールの側面の両側に設置されている。計器類はすべて文字盤が黒、表示が白である。

この計器類の配列は初期および後期の車で共通だが、ヒーター／ベンチレーション用コントロールレバーの配置は異なる。両者とも2個の丸い外気吹き出し口がダッシュボードの化粧パネル中央に備わるが、この吹き出し口の間に位置するレバーが、初期型では2本、後期型では1本となる。運転席の外側寄りには2本のレバーが設けられ、外側がデフロスターの調節、内側がヒーターの調節を行う。デフロスターの調節レバーは助手席側にも1本ある。ダッシュボードの下、両側のレバーで足元への吹き出し量を調節する。

ダッシュボードの下、ステアリングコラムとドアピラーの間にはパネルがあって、そこに6個のロッカースイッチが並ぶ——ヘッドランプ、電磁式フューエルポンプ、左および右側のベンチレーションファン、リアウィンドー熱線、ルームランプ用である。計器照明の調光ツマミ、2段階スピード式ワイパーのスイッチ、そしてシガーライターは化粧パネルの中央付近に位置する。チョークを操作するには、ダッシュボード下にあるノブを引っ張る。同じくダッシュボードの下、ステアリングコラムの外側寄りにはボンネットリリースレバーが付いた。

車載工具

支柱型ジャッキ（ハンドル一体式）
ウェバーキャブレター用スパナ
汎用プライヤー
マイナスドライバー（大）
マイナスドライバー（中）
グリスガン
鉛製ハンマー
ハンマー
スパークプラグレンチ
ハブ・エキストラクター
オイルフィルターレンチ
オルタネーター用ベルト
両口スパナセット
　（8〜22mm、7本組）

シャシーナンバー06661SFのダッシュボード。優雅なナルディのステアリングホイールが印象的だ。センターコンソール上の補助計器類は少しドライバー側を向いている。

500 Superfast

深さは浅いものの、容量的には充分なトランクを備えるが、シートの後方にも内装の張られた荷物置き場がある。

トランク

トランクにはフューエルタンクが収まる。それは角型で垂直なタンクで、キャビンのパーセルシェルフの後ろ側にあたるトランク内の前部に据え付けられている。容量は100ℓ。フィラーキャップは右側リアフェンダーの、トランクリッド前端の隅に近い位置にある。キャップは普段はリッドに隠れ、このリッドにはキーロックが付く。スペアホイールはトランクルーム床面の窪みに平らに収まり、その上を黒い塗装の金属板が覆う。車載工具はフェンダーパネル下側の窪みのひとつに収納される。トランク内部の床面と側面は黒いカーペット張りで、金属面はすべて光沢のある黒い塗装仕上げだ。上部には2個のランプが備わり、トランクが開くと点灯する。トランクオープナーは、荷物棚の前面、左外側に位置する。トランクリッドは、ラチェット式の伸縮ステーで保持される。

エンジン

4943ccの60°V12エンジンはウェットサンプ式で、片バンクあたり1本のオーバーヘッドカムシャフトを備える。ファクトリーの型式ナンバーは208である。公称で400bhp／6500rpmの最高出力と、48.5mkg／4750rpmの最大トルクを発揮する。108mmのボア間ピッチ、および88×68mmのボア・ストロークは、アウレリオ・ランプレーディ設計のユニットを搭載したそれ以前の410スーパーアメリカ・シリーズと同じだが、ねじ込み式のシリンダーライナーを採用していない点がそれとは異なる。エンジン各部の材質、部品構成、作動機構などは、同時期のほかのフェラーリ2カムシャフトエンジン（後述の275や330シリーズのエンジン）とほぼ同一である。点火順序は左側のカムシャフトカバーの上部前側に留められたプレートに記されている。

燃料装置は3基または6基のウェバー40DCZ／6が、それぞれ独立したマニフォールドに装着される。後ろ側のマニフォールドにはブレーキサーボ用のバキューム取り出し口がある。燃料の供給はフィスパ製ダイアフラム型機械式フューエルポンプと、同じくフィスパ製の電磁式補助ポンプ（ダッシュボードのスイッチから操作）が

5ℓのエンジン。この時期のフェラーリは、たいてい同様な外観をしている。キャブレターのエアクリーナーボックスが中央に鎮座し、その両側に黒い縮み模様塗装のカムシャフトカバーが位置する。

<table>
<tr><th colspan="2">エンジン</th></tr>
<tr><td>形式</td><td>60° V12</td></tr>
<tr><td>型式</td><td>208</td></tr>
<tr><td>排気量</td><td>4943cc</td></tr>
<tr><td>ボア・ストローク</td><td>88×68mm</td></tr>
<tr><td>圧縮比</td><td>8.8:1</td></tr>
<tr><td>最高出力</td><td>400bhp／6500rpm</td></tr>
<tr><td>最大トルク</td><td>48.5mkg／4750rpm</td></tr>
<tr><td>キャブレター</td><td>ウェバー40DCZ/6　3基または6基</td></tr>
</table>

タイミングデータ

インテークバルブ開	27° BTDC
インテークバルブ閉	65° ABDC
エグゾーストバルブ開	74° BBDC
エグゾーストバルブ閉	16° ATDC
点火順序	1-7-5-11-3-9-6-12-2-8-4-10

エンジン冷間時の規定バルブクリアランスは、インテーク側が0.15mm、エグゾースト側が0.2mm。バルブリフターとロッカーアームの間で測定する。

各種容量（ℓ）

フューエルタンク	100
冷却水	14.0
ウィンドーウォッシャータンク	1.0
エンジンオイル	12.0
ギアボックスオイル	3.25
ディファレンシャルオイル	1.8

してパンケーキ型エアクリーナーが用意されていた。

エンジンの油圧は油温100℃、回転数6500rpmで、5.5kg/cm²が基準値。4kg/cm²が最低許容限度。低回転（約700～800rpm）における最低許容限度は1.0～1.5kg/cm²である。

トランスミッション

500スーパーファストは330GT 2+2と同じギアボックスとトランスミッションを装備する。駆動力はフロントに搭載のギアボックスから、リアアクスル（リミテッドスリップ・ディファレンシャル装備）に伝達される。初期の車のギアボックスは4段でオーバードライブ付き、後期の車は5段である。ギアボックスのギア比は同一だが、最終減速比は330GT 2+2の4.250（8：34）とは異なり、4.000（8：32）が標準となる。

クラッチは、4段ギアボックス装備の初期の車ではケ

ギア比

	ギアボックス		総減速比	
	4段O/D付き	5段	4段O/D付き	5段
1速	2.536:1	2.536:1	10.144:1	10.144:1
2速	1.771:1	1.771:1	7.084:1	7.084:1
3速	1.256:1	1.256:1	5.024:1	5.024:1
4速	1.000:1	1.000:1	4.000:1	4.000:1
5速[1]	0.778:1	0.796:1	3.112:1	3.184:1
リバース	3.218:1	3.218:1	12.872:1	12.872:1
ファイナルドライブ	4.000:1(8:32)			

[1] シリーズIの車ではオーバードライブ付き

ーブル作動式のフィヒテル・ウント・ザックス社製単板クラッチ、5段ギアボックスの後期型では油圧作動式のボーグ＆ベック製を使用する。

電装品／灯火類

電装系統は12Vで、バッテリー（容量60Ah）はエンジンルーム後部の隅、ドライバーとは反対側に位置する。その隣のバルクヘッドにヒューズおよびリレーパネルが付いた。マレリGCA-101/B型オルタネーターはエンジンの前部に備わり、ウォーターポンプとともにクランクシャフトプーリーからVベルトを介して駆動される。前期／後期モデルとも、ソレノイド一体型のスターターモーターがフライホイールベルハウジングの右下部分に装着されている。エアホーンはツインで、ラジエター前方のノーズ部に位置し、ステアリングホイール中央のホーンボタンで作動する。初期の車に装備のオーバードライ

主要電装品

バッテリー	12V, Marelli 6AC11, 60Ah
オルタネーター	Marelli GCA-101/B
スターターモーター	Marelli MT21T-1.8/12D9
点火装置	Marelli S85A ディストリビューター2個 Marelli BZR201A イグニッションコイル2個
スパークプラグ	Marchal HF34F

受け持つ。点火装置は12Vで、マレリS85Aディストリビューター2個と、マレリBZR201Aイグニッションコイル2個を使用する。ウォーターポンプは6枚羽根の冷却ファン（初期の車）と同じシャフトに取り付けられ、クランクシャフトプーリーからVベルトを介して駆動される。補助的にラジエター前面に自動温度調整式の電動ファンが付く場合もある。後期の車では、エンジン駆動のファンに代わって、ラジエター前面に2基の電動ファンを装着する。

排気系統は、なめらかに曲げられたスチール製マニフォールドが3本で1組となり、それが各シリンダーバンクに2組ずつ備わり、その上をヒートシールドが覆う。マニフォールドは各バンク1本の大径のパイプへと合流。このパイプは、さらにキャビンのフロア下に吊られた左右別々のサイレンサーボックスへと繋がる。そこから2本のパイプが出て、リアサスペンションを避けるように弧を描いて後部まで伸び、最後尾にラバー製ハンガーで吊られた片側2本1組のメッキのテールパイプが装着される。

標準のエアクリーナーボックスは黒色ペイント仕上げのスチール製プレス成型品で、両端が丸い長方形をしており、上面のパネルは縁に滑り止め加工の付いた3個のナットで留められている。その中には、初期の車では独立した3個の丸型のエレメント（キャブレターの吸気口ごとに1個ずつ）が、後期の車ではボックスの内周に沿った形状のエレメントがひとつ、それぞれ収まる。ボックスの両側から2本ずつカムシャフトカバーの上に突き出た細長いダクトがエアの取り入れ口だ。オプションと

生産データ

1964年～66年
生産台数：36台
シャシーナンバー：
05951, 05977, 05979,
05981, 05983, 05985,
05989, 06033, 06039,
06041, 06043, 06049,
06303, 06305, 06307,
06309, 06345[1], 06351[1],
06605, 06615, 06659[1],
06661[1], 06673[1], 06679[1],
07817, 07975, 08019,
08083, 08253, 08273,
08299, 08459[1], 08565,
08739, 08817, 08897[1].
[1] 右ハンドル仕様車

後部ランプの配列は第1号車を除いて共通である。ただしレンズの色と、周囲のパネル（赤かオレンジ）は車によって異なる。

500 Superfast

標準のフロント灯火類。フェンダーの窪みに収まったヘッドランプ、フェンダー側面に付いた涙滴型のサイドウィンカー、そしてバンパー、半円形の切り欠き、サイドランプ／ウィンカー。

識別プレート／各種カラー

識別プレート、ボディカラー、内装／カーペットのカラーについては、275GTBの章の表を参照。

ファクトリーの発行物

1966年
- 諸元一覧カード。片面に車の輪郭が描かれ、裏面に伊／仏／英語で各種諸元を記載。
- 1966年モデル全車を収録したカタログ。うち2ページに、500スーパーファストの写真と伊／仏／英語表記の各種諸元を掲載。[ファクトリーの参照番号：07/66]

エンジンルームの識別プレートは、モデル型式とエンジン型式、シャシーナンバーを示す。

500スーパーファストは全車、このエレガントなボラーニ製ワイアホイール（7×15）を履く。リムはポリッシュ仕上げのアルミ製だ。

ブユニットはビアンキ製で、ルーカス7615F型作動ソレノイドが付く。主な電装品の仕様については別表に示す。

ヘッドランプは初期の車に装着のものがマーシャル製、後期のものがキャレロ製である。そのほかの灯火類は全生産期間を通じてすべてキャレロ製を使用した。仕向け地ごとの違いとして、右ハンドル仕様車用の配光が左寄りのヘッドランプロービームと、フランス向けヘッドランプのイエローバルブが挙げられる。ヘッドランプはロービームとハイビームが一体で、直径は178mm、周囲にメッキのトリムリングが付き、フロントフェンダーの深い窪みに収まる。標準ではパースペックス製カバーはない。ヘッドランプ下のフェンダーには丸い白色レンズのサイドランプ／ウィンカーが備わる。フロントフェンダー側面には、涙滴型でオレンジ色のサイドウィンカーが付いた。

リアには、テールパネルにストップ／テール／ウィンカー／バックアップランプが3つ水平に並んだコンビネーションランプを備える。これがこのモデルの特徴だ。もしこの左右のランプユニットを互いにくっつけたら、テールパネルをそのまま縮小したような形状となる。メッキの縁取りが付いたハウジングの中には、3個の丸いレンズが収まる。その周囲は標準では透明で赤いプラスチックだが、ただのメッキ仕上げの場合もある。外側に位置するレンズはオレンジ色のウィンカーで、中央が凹面になっている。その隣は赤いストップ／テールランプで、これも中央が凹んでいる。内側のレンズは白色のバックアップランプで、中央には赤いリフレクターが付く。ナンバープレートランプはテールパネルの下端中央に装着されたメッキの細長いハウジングに収まる。

サスペンション／ステアリング

フロントおよびリアのサスペンションは330GT 2+2とほとんど同一である。ステアリング装置と回転直径の数値も同様だ。フロントサスペンションは独立式で、アッパーとロワーでアームの長さが異なる不等長ダブルウィッシュボーン型を採用。コイルスプリングとダンパーは一体型ではなく、前者はロワーウィッシュボーンに、後者はアッパーウィッシュボーンに装着。左右のロワーウィッシュボーンはスタビライザーで連結される。

リアサスペンションには半楕円形リーフスプリングを使用。アクスルはこのスプリングと、上下2本の平行なラジアスロッドによってシャシーと結ばれ、後者が前後方向の力を支える。さらに補助のコイルスプリングと油圧ダンパーを備える。ステアリングはウォーム・ローラー式で、パワーアシストを持たない。左ハンドルおよび右ハンドル仕様がある。ステアリングギアボックスはフロントのクロスメンバー上に装着されている。

サスペンションセッティング	
前輪トーイン	0〜+1.5mm
前輪キャンバ	+0°40'〜+1°10'
後輪トーイン	なし
後輪キャンバー	0°
キャスター角	2°30'
前輪ダンパー	Koni 82H/1321
後輪ダンパー	Koni 82R/1322

ブレーキ

4輪ともダンロップ製ディスクブレーキを装備するブレーキシステムは、330GT 2+2とほぼ同一である。生産変更が実施されたのは主にブレーキサーボで、車によってその数と形式が異なる。

ホイール／タイア

標準装備品はボラーニのワイアホイールである。メッキのスポークと、7×15のポリッシュ仕上げアルミリムの組み合わせに、205-15のタイアを履いた。それを、スプラインが切られたハブに、3本耳のノックオフ式センターナットで固定する。スペアホイールはトランクルーム内の窪みに水平に収まり、その上を脱着可能なパネルが覆う。

ホイール／タイア	
ホイール前後	7L×15 Borrani ワイアホイール（軽合金リム）RW3812型
タイア前後	Pirelli HS 205-15 または 210-15

Chapter 2
365 California

　365カリフォルニアはフェラーリの高級限定生産車としては最後のモデルである。1966年のジュネーブショーにおいてデビューし、1967年中頃までに、わずか14台が生産された。このモデルは375アメリカ、410および400スーパーアメリカ、スーパーファスト・シリーズを含む息の長いファミリーのなかで、唯一スパイダーボディのみで造られた車でもある。ただし厳密な意味での"スパイダー"とは異なり、簡便な幌ではなく耐候性に優れた折り畳み式ソフトトップを備えた"カブリオレ"である。フェラーリでは、1958年の250GTカリフォルニア以来、今日に至るまで、スパイダーという呼称を慣例的に用いている（タルガトップを持つV8フェラーリのモデル名に付く"S"の文字も、スパイダーの略号だ）。

　第1号プロトタイプ（シャシーナンバー08347）は、330GT 2+2用の標準シャシー（ティーポ571）をベースに製作され、当初は330GTの4ℓエンジンを搭載していたという。3台めまでの量産車は、本来積んでいた4ℓエンジンを4.4ℓのティーポ217Bユニットに換装してから販売された可能性がある。『Road & Track』1966年11月号のジョナサン・トンプソンのレポートによれば、1966年のジュネーブショーに展示された車には4ℓエンジンが載っていたようだ。

　500スーパーファストが純然たる2シーターなのに対し、365カリフォルニアは名目上は2+2である。折り畳みのソフトトップを備えているから、量産フェラーリでオープンの2+2はこれが初めてだ。14台が造られ、うち12台が左ハンドル仕様、2台が右ハンドルである。本書の執筆時点で、生産からすでに30年以上の歳月が経つが、後者の1台はまだ最初のオーナーの手元に置かれている。500スーパーファストと同様、ボディはトリノのピニンファリーナで製作。それをマラネロのフェラーリの工場に運んで、メカニカルコンポーネンツを装着した。専用のオーナーズハンドブックやスペアパーツカタログが発行されなかった点も500スーパーファストと同じだ。ディーラーのスペアパーツ部門は、エンジンと電装系統については365GT 2+2のパーツカタログを、ギアボックスとシャシーまわりに関しては330GT 2+2のものを参照しなければならなかった。

イギリスで登録の左ハンドル仕様車、シャシーナンバー09615のトップを下ろした姿。ドアからリアフェンダーにかけてのえぐりはスタイリング上の処理。中央のプレートにドアハンドルが仕込まれている。

365 California

寸法／重量	
全長	4900mm
全幅	1780mm
全高	1330mm
ホイールベース	2650mm
トレッド前	1405mm
トレッド後	1397mm
乾燥重量	1320kg

ボディ／シャシー

365カリフォルニアのシャシー、ティーポ598（プロトタイプのシャシーナンバー08347を除く）はホイールベースが2650mmで、330GT 2+2のシャシーとほぼ同じである。わずかな違いとしては、エンジンマウント（より大型なエンジンを積むため）とボディ取り付け部分（ボディスタイルが異なるため）などが挙げられる。メインフレームは2本の楕円鋼管から成る。そのチューブが、コの字断面のフロントクロスメンバーから、エンジンの両側を通ってキャビンの下に伸び、リアアクスルの上で弧を描いて、テールに達する。そして縦および横方向の角型断面チューブラーフレームが、キャビン下のメインフレームと、ボディ保持フレームとを結ぶ（後者にボディシェルが溶接される）。シャシーの標準的な仕上げは光沢のある黒い塗装である。

前述のように、365カリフォルニアは唯一オープンボディでしか造られなかったモデルだが、フロントウィンドーから前方のボディ形状はスーパーファストときわめ

ふたつのアングルから見た365カリフォルニア（シャシーナンバー10077）。光沢のある濃いメタリックレッドのボディは美しく輝き、まさにその名にふさわしいカリフォルニアのナンバープレートが付く。フロントのカーブと、リアの角張ったデザインが対照的である。この車では、テールパネルにフェラーリの文字のバッジを装着する。

て似かよっている。大きな違いは、標準装備のパースペックス製ヘッドランプカバーと、ノーズパネルに内蔵のリトラクタブル式ドライビングランプである。しかしフロントウィンドーから後方は、左右2分割のバンパーや3連の後部ランプなどを除けばほとんど似ていない。ドアの上部はクサビ型に深くえぐられ、その中央にメッキ仕上げの細長いプレートが填まり、そこにドアハンドルが仕込まれている。こうしたえぐりは、のちにミドエンジンのディーノや308／328シリーズで見られるものは、吸気系統とオイルクーラーにエアを送る役割を果たすが、この365では単なるスタイリング処理である。フロントから続くなめらかなカーブは、リアフェンダー後端の角張った"カムテール"で途切れる。ボディはスチールパネルの溶接で作られたが、ボンネットとトランクリッドはスチール製の枠にアルミパネルを張ったものだ。

ソフトトップは厚手のキャンバスで、後部には透明なパースペックス製の四角い窓が付く。手で開閉する折り畳み式のフレームはスチール製である。トップは、閉じた状態では、フロントウィンドー上部に2個の留め具で固定。開いた状態では、リアシートの後ろの窪みに折り畳んで収納し、その上にカバーをかけ、ホックで留める。シャシーナンバー10369は標準のトップが付いていたが、のちにファクトリーで電動トップを装着した。

外装／ボディトリム

365カリフォルニアのフロントは、ポリッシュアルミで縁取られた奥行きの浅い楕円形のラジエターグリルと、アルミの薄板で組んだ格子を持ち、中央にはカヴァリーノ・ランパンテが付く。ラジエターグリルの両端から左右に伸びて、フェンダー側面にまで回り込むのが左右2分割式のメッキ仕上げスチール製バンパーで、その中央付近の下端にはメッキのハウジングに収まる四角いサイドランプ／ウィンカーが備わる。広報写真にも登場する最初のピニンファリーナのショーカーでは、ナン

バープレートホルダーの両側に長方形のナンバープレートランプが垂直に付き、フロントフェンダーの側面にはサイドウィンカーが付かない。ノーズパネル上面には、ラジエターグリルとボンネット前端の間に縦長の四角いエナメル製フェラーリ・エンブレムが飾られ、フロントフェンダーの下側には、ふたつのピニンファリーナのバッジが装着される（横に細長い矩形のものと、その上に、紋章をかたどったエナメル製のバッジ）。トランクリッドのバッジ類はまちまちである。カヴァリーノ・ランパンテとその下に"California"の文字のバッジ、あるいはリッド後ろ側の中央にフェラーリの文字のバッジが付いた車や、バッジが何も付かない車もある。そのほかの光り物は以下のメッキパーツである。フロントウィンドー周囲のトリム、ドアガラスのフレーム、ドアのえぐりに付いたトリムを兼ねるドアハンドル（その下のドアパネルには丸いキーロックがある）、ワイパーアームとブレードの枠部分、そしてサイドシルのジャッキアップポイントを塞ぐプラグである。

写真上：斜め後ろから見ると、フロントの曲線が角張ったテールまでなめらかに繋がっている様子がよくわかる。これをもう少し控えめなデザインに発展させたのが365GT 2+2である。（シャシーナンバー09615）

写真下：1970年代にファクトリーでレストアを受けたシャシーナンバー08631は、テールの処理が異なる。周囲にパネルやリフレクターのない大型の3連レンズ、バンパー下の中央に付いた四角いバックアップランプ、そしてメッキハウジングに収まる幅の広いナンバープレートランプ。

365 California

トップを上げた状態のキャビン部分のクローズアップ。ドアのえぐりに組み込まれたドアハンドルの様子がよくわかる。

ボンネットは中央に、エアクリーナーハウジングをかわすために低い隆起がある。ヒンジが前側に付き、ボンネットステーが左側に位置する。

ガラス類はすべて無色で、フロントウィンドーには合わせガラスを用いた。ワイパーは2段スピード式で、アームは左ハンドル車では右側に、右ハンドル車では左側に停止する。ドアは開閉式の三角窓を備え、ドアトリムパネルに設けられた黒いプラスチック製ノブを回して操作する。

塗装

当時フェラーリではボディの塗色に幅広い選択肢が用意されていた。次の275GTBの章で述べていることが365カリフォルニアにもあてはまる。ボディを製作したのはピニンファリーナ社で、したがってPPG社またはデューコ社の塗料を使用したはずである。275GTBの章の一覧表（30ページ）に、365カリフォルニアに用意されていたカラーをすべて示す。

内装／室内トリム

標準のシート張り地はすべてコノリーレザーで、その色の選択肢については275GTBの章（33ページ）に一覧表を収録した。フロントシートはクッションの前端下に前後位置の調整レバーが備わる。シート基部の外側のノブによってバックレストの角度調整が可能だ。前席バックレストの裏面は伸縮式のマップポケットとなっている。アームレストはドアグリップと一体型で、その上方のドアトリムパネルにメッキのドアレバーと、楕円形でメッキの保護プレートが装着された。センターコンソールの灰皿の後方にシガーライターがあり、その両側にパワーウィンドーのスイッチが位置する。ドアトリムの最下部と、サイドシルのドアと接する面には、ポリッシュアルミの保護プレートが張られた。

前席は、後部に荷物を出し入れする際にバックレストを前方に倒すこともできる。ドアは幅が広いものの、シートを前にスライドさせた方が後席への乗り降りはより楽になる。リアシートはセンタートンネルとリアアームレストによって左右に分断されているが、バックレストは左右が一体である。中央のアームレストの上面にはメッキの灰皿が備わる。

フロアはカーペット張りで、ドライバー席および助手席の足元に黒いラバーマットが敷かれた。カーペットの色については275GTBの章（32ページ）に一覧表を示す。センターコンソールを囲むパネル、リアホイールアーチの室内側、そしてドアトリムパネルにはシートと同色の本革とビニールを用いた。ダッシュボードの上面と下ま

トップを下ろした状態で見た、キャビン内の配置。後席にも、多少はレッグルームが確保されている。このシャシーナンバー09615は、元はダッシュボードがチークのベニヤ張りだったが、最近内装に合わせて黒に張り替えられた。

19

わり、センターコンソールの上面、中央のバルクヘッド、そしてアームレストとドアトリムパネル上端のパッド部は黒いビニール張りが標準だが、これ以外の仕様もオーダー可能であった。

　パッド入りでビニール張りのサンバイザーが左右に備わる（助手席側はバニティーミラー付き）。そのふたつに挟まれる形でフロントウィンドーの上部フレームに、防眩型のルームミラーが装着された。ルームランプは2個で、ダッシュボードの下、前席足元の外側に設けられ、ドアの開閉と連動して、あるいはダッシュボードのスイッチ操作で点灯する。

　メッキ仕上げのシフトレバーはセンターコンソールの中央に位置する。ノブは黒いプラスチック製で、レバーの根元は黒あるいは内装と同色の革製ブーツで覆われた。シフトレバーの後方にあるのが、メッキの蓋の付いた灰皿で、続いてシガーライターとパワーウィンドースイッチが並ぶ。それより後方は小物を置くトレイとなっている。ハンドブレーキはセンタートンネル脇のフロアから突き出て、内装と同色のブーツが被せられた。

ダッシュボード／計器類

　ダッシュボードの化粧パネルとセンターコンソールの前方部分は、ともに標準ではチークのベニヤが張られ、ひとつの面を形作っている。コンソール上面もトレイ部分まで同じチーク材で覆われるが、顧客は異なる仕様もオーダーできた。主要な計器類は2個の大きなポッドと、3個の小さなポッドに収まる。いずれも黒いビニール張りで、ダッシュボードと一体化している。ダッシュボード上面のフロントウィンドーに沿った部分には、細いデフロスターの吹き出しスロットがある。ダッシュボード

前面の助手席側に設けられたグローブボックスは施錠可能で、内部には照明が仕込まれ、蓋にはプッシュボタン式の留め金と、横に細長い矩形のピニンファリーナ・バッジが付いた。

　ステアリングホイールはウッドリムと、縁に筋が刻まれたアルミ製スポーク、アルミ製ボスの組み合わせである。ホーンボタンは中央が黄色、外側が黒いプラスチック製で、カヴァリーノ・ランパンテのマークが入る。ス

トップの折り畳み機構。メッキ仕上げの骨組はアールデコ様式の彫刻のように見える。その下のトリムパネルには、トランクリッドとフューエルフィラーリッドのオープナーが位置する。

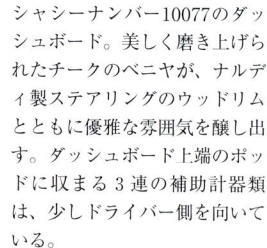

車載工具

シザーズ型ジャッキ
　（ラチェットハンドル付き）
スパークプラグレンチ
プラスドライバー
　（直径〜4mm用）
プラスドライバー
　（7〜9mm用）
マイナスドライバー
ロングプライヤー（190mm）
スパナ
　（10×11mm、13×14mm）
オイルフィルターレンチ
フロントハブ・エキストラクター
リアハブ・エキストラクター
鉛製ハンマー
輪止め
オルタネーター用ベルト
エアコン用ベルト
ウォーターポンプ用ベルト
予備の電球およびヒューズのケース（6個の電球と4個のヒューズ入り）
グリスガン延長チューブ
三角表示板

シャシーナンバー10077のダッシュボード。美しく磨き上げられたチークのベニヤが、ナルディ製ステアリングのウッドリムとともに優雅な雰囲気を醸し出す。ダッシュボード上端のポッドに収まる3連の補助計器類は、少しドライバー側を向いている。

365 California

テアリングコラムの左側からは、先端に黒いプラスチック製ノブの付いたメッキのレバーが2本突き出している。短い方がウィンカー用、長い方がサイドランプとヘッドランプ切り替え用のスイッチである。右側にあるレバーは2段階スピード式ワイパーを制御するとともに、手前に引くとウォッシャーが作動する。イグニッション／スタータースイッチはキー式で、ステアリングロックを内蔵し、ステアリングコラムシュラウドの右側のパネルに備わる。

ドライバーの正面に位置するふたつの大きなポッドには、スピードメーターとタコメーターが収まる。スピードメーターにはオドメーターとトリップメーターが内蔵され、ウィンカーインジケーターとサイドランプ点灯警告灯を備える。タコメーターの文字盤には、チョーク、ヘッドランプハイビーム、電磁式フューエルポンプの各警告灯が付いた。ふたつのポッドに挟まれた位置に、計器照明の調光ツマミとトリップメーターのリセット用ノブがある。ダッシュボード上部の中央には、油温計、油圧計、水温計と3個の小さなポッドが並ぶ。その下にはラジオが収まり、ラジオの両側にはアンメーターと燃料計（残量警告灯付き）が位置する。計器類はすべて文字盤が黒、表示が白である。

ラジオの下、センターコンソールのせり上がった部分には、5個のスイッチが並ぶ。機能はヘッドランプ、電磁式フューエルポンプ、左および右側ベンチレーションファン、そしてルームランプ用である。スイッチの下には2個の丸い吹き出し口が設けられた（中央に調節用のノブを持つ）。ダッシュボード化粧パネルの両端には垂直にスライドするレバーが備わるが、これはそれぞれの側で、送風をフロントウィンドーのデフロスター用スロットあるいは足元のどちらかに切り替えるためのものだ。同様なレバーはグローブボックスの中央寄りにもあるが、こちらはヒーターの調節用。ステアリングコラムとドアピラーの間のパネルには、チョークノブがある。ダッシュボードの下、ドライバー側のドアピラー付近には、ボンネットリリースレバーが見える。

トランク

トランクには、アルミ製で表面にグラスファイバーを吹き付けたフューエルタンクが2個収まる。それがフロアと左右のフェンダーパネルに接する形で据え付けられ、その間にスペアホイールの収納場所を確保している。2個のタンクはパイプで接続され、総容量は112ℓ。フィラーリッドは、左ハンドル／右ハンドル仕様を問わず、左側リアフェンダーに位置する。このリッドは、リアのトリムパネルに設けられたレバー（またはトランク内の非常用レバー）で解放する。スペアホイールはトランクルーム床面の窪みに平らに収まる。この窪みには車載工具も入り、その上を黒い塗装のベニヤ板が覆う。トランクの床面と側面は黒のカーペット張りで、なめらかな金

エンジン

形式	60° V12
型式	217B
排気量	4390cc
ボア・ストローク	81×71mm
圧縮比	8.8:1
最高出力	320bhp／6600rpm
最大トルク	37mkg／5000rpm
キャブレター	ウェバー40DFI/4　3基

タイミングデータ

インテークバルブ開	13°15′BTDC
インテークバルブ閉	59° ABDC
エグゾーストバルブ開	59° BBDC
エグゾーストバルブ閉	13°15′ATDC
点火順序	1-7-5-11-3-9-6-12-2-8-4-10

エンジン冷間時の規定バルブクリアランスは、インテーク側が0.2mm、エグゾースト側が0.25mm。バルブリフターとロッカーアームの間で測定する。

各種容量（ℓ）

フューエルタンク	112
冷却水	13.0
ウィンドーウォッシャータンク	1.0
エンジンオイル	10.75
ギアボックスオイル	5.0
ディファレンシャルオイル	2.5

4390ccのエンジンの真上に大型のエアクリーナーボックスが鎮座し、その前方に2個のオイルフィルターが付く。ブレーキおよびクラッチフルードのリザーバータンクとブレーキサーボがエンジンルーム後ろ側の隅に位置する。

属面はすべて光沢のある黒い塗装仕上げである。トランクオープナーは、フューエルフィラーリッドのリリースレバーの横に並んでいる（施錠可能）。トランクリッドは左側に付いたステーで保持する。

エンジン

エンジンは排気量4390ccの60°V12で、潤滑はウェットサンプ式、片バンクあたり1本のオーバーヘッドカムシャフトを備え、2個のエンジンマウントでシャシーに搭載される。ボア・ストロークは81×71mmで、公称最高出力は320bhp／6600rpm、最大トルクは37mkg／5000rpmを発揮。217Bというファクトリーの型式ナンバーが付いたこのユニットは、330GT 2+2と330GTC／Sの第2シリーズに積まれたエンジンのボアを拡大したもので、エンジン各部の材質、作動機構、部品構成などはそれらとほぼ同一である。

燃料装置は3基のウェバー40DCI/4が、それぞれ独立したマニフォールドに装着され、後ろ側のマニフォールドにはブレーキサーボ用のバキューム取り出し口がある。キャブレターへの燃料供給は、フィスパ製ダイアフラム型機械式フューエルポンプと、同じくフィスパ製の電磁式補助ポンプ（ダッシュボードのスイッチから操作）が行う。

排気系統は、スチール製マニフォールドが3本で1組となり、それが各シリンダーバンクに2組ずつ備わり、その上をヒートシールドが覆う。マニフォールドは各バンク1本の大径のパイプへと合流。このパイプは、さらにキャビンのフロア下に吊られた左右別々のサイレンサーボックスへと繋がる。そこから2本のパイプが出て、リアサスペンションを避けるように弧を描いて後部まで伸び、最後尾にラバー製ハンガーで吊られた片側2本1組のメッキのテールパイプが装着される。

標準のエアクリーナーボックスは黒色ペイント仕上げのスチール製プレス成型品で、両端が丸い長方形をしており、上面のパネルは縁に滑り止め加工の付いた3個のナットで留められている。その中には、独立した3個の丸型のエレメント（キャブレターの吸気口ごとに1個ずつ）が収まる。エアの取り入れ口は、ボックスの両側から2本ずつカムシャフトカバーの上に突き出た細長い断面のダクトである。パンケーキ型エアクリーナーがオプションとして用意されていた。

エンジンの油圧は、油温100℃、6500rpmの状態で、5.5kg/cm²が基準値。4kg/cm²が最低限度。低回転（約700〜800rpm）における最低限度は1.0〜1.5kg/cm²である。

トランスミッション

365カリフォルニアのギアボックスとトランスミッション構成は、シリーズⅡの330GT 2+2と同じで、フルシンクロの5段ギアボックスをフロントに搭載し、プロペラシャフトを介してリアアクスル（リミテッドスリップ・ディファレンシャル装備）を駆動する。ギアボックスおよびファイナルドライブのギア比、また油圧作動式のボーグ＆ベック製クラッチも、両モデルで共通。

電装品／灯火類

電装系統は12Vで、容量60Ahのバッテリーはエンジンルーム後部の隅、ドライバーとは反対側に位置する。マレリGCA-101/B型オルタネーターはエンジンの前部に備わり、クランクシャフトプーリーからVベルトを介して駆動される。スターターモーターはフライホイールベルハウジングの右下部分に装着され、一体型のソレノイドが真下に位置する。エアホーンはツインで、ラジエター前方のノーズ部に取り付けられ、ステアリングホイール中央のホーンボタンで作動する。主要な電装品の使用については別表のとおり。

灯火類はすべてキャレロ製で、全生産期間を通じて違いはないが、後部ランプは細部の変更が頻繁に行われた。右ハンドル仕様車は、配光が左寄りのヘッドランプロービームを装着した。また、フランスでは販売されなかったため、イエローバルブは使われなかった。ヘッドランプはロービームとハイビームが一体となったシングルで、直径は178mm。それがフロントフェンダーの深い窪みに収まる。その上をパースペックス製カバーで覆うが、標準ではトリムリングは付かず、メッキ仕上げのネジで留められている。ノーズ部には、リトラクタブル式のドライビングランプがボディと同色の丸いパネルの下に装備される。ただしシャシーナンバー10327では、最初のオーナーがそれを廃し、また09631では1970年代後半にファクトリーで行われたレストアの際に、それが付

ギア比

	ギアボックス	総減速比
1速	2.536:1	10.778:1
2速	1.770:1	7.522:1
3速	1.256:1	5.338:1
4速	1.000:1	4.250:1
5速	0.796:1	3.383:1
リバース	3.218:1	13.676:1
ファイナルドライブ	4.250:1 (8:34)	

標準仕様のフロントの灯火類。ヘッドランプには透明なパースペックス製カバーが付き、バンパーの下に細長いサイドランプ／ウィンカーを備え、ノーズパネルにリトラクタブル式のドライビングランプを内蔵する。

後部ランプ類の仕様差。レンズと、ベースパネルおよびリフレクターの色のバリエーションは、少量生産としては驚くほど多い。

365 California

主要電装品

バッテリー	12V, SAFA 65SNS, 74Ah
オルタネーター	Marelli 50.35.014.1
スターターモーター	Marelli MT21T-1.8/12D9
点火装置	Marelli S85A ディストリビューター2個
	Marelli BZR201/A イグニッションコイル2個
スパークプラグ	Champion N6Y

サスペンションセッティング

前輪トーイン	0 〜 +1.5mm
前輪キャンバー	1°（固定）
後輪トーイン	なし
後輪キャンバー	0°
キャスター角	2°30'
前輪ダンパー	Koni 82H1321
後輪ダンパー	Koni 82N1322

かない新しいノーズに交換された。左右のフロントバンパーの下には、本体がメッキで、四角い白色レンズのサイドランプ/ウィンカーが備わる。最初のピニンファリーナのショーカー（シャシーナンバー08347）を除いて、フェンダー側面には、ヘッドランプのほぼ中心の高さに、涙滴型でオレンジ色のサイドウィンカーが付く。

リアには、テールパネルにストップ兼テール/ウィンカー/バックアップランプが3つ並ぶ。レンズは500スーパーファストと同じである。そのベースとなるパネルは、ボディのテールパネルの輪郭に沿った形をしており、真ん中で水平に分割されている。上半分がリフレクターで、下半分に3つのランプが付く。このリフレクターとランプ周囲のパネルには、以下のようにいくつもの組み合わせがある。白いリフレクターにメッキのパネル、赤とオレンジ色のリフレクターに赤いパネル、赤いリフレクターに赤いパネル、オレンジ色のリフレクターに赤いパネル。ピニンファリーナのショーカーは当初、平らなレンズを装着していたが、売却前に3つの丸いレンズに交換された。1970年代後半にファクトリーでレストアを受けた車、シャシーナンバー09631では、365GT4 2+2以降に使われた大型の丸いレンズ3個がテールパネルに直に付いた。標準的な配列では、外側に凹面型でオレンジ色のウィンカー、その隣に凹面型で赤いストップ/テールランプ、そしていちばん内側寄りに中心に丸い赤色のリフレクターの付いたバックアップランプが位置する。ナンバープレートランプは左右のリアバンパーの内側の端部に設けられた。ただしピニンファリーナのショーカーのみ、ナンバープレート保持ブラケットの両側に、メッキ仕上げで縦長の四角いユニットを装着した。

サスペンション/ステアリング

フロントおよびリアのサスペンションは、330GT 2+2とほとんど同一である。ステアリング装置と回転直径の数値も同様だが、365カリフォルニアは油圧式のパワーステアリングを標準で装備する。フロントサスペンションは独立式で、不等長ダブルウィッシュボーン型を採用。アッパーウィッシュボーンとシャシーの間にテレスコピック式ダンパーが、ロワーウィッシュボーンに付いた筒型ブラケットとシャシーの間にコイルスプリングが備わる。そして、スタビライザーが左右のロワーウィッシュボーンを結ぶ。

リアサスペンションには半楕円形リーフスプリングを用いた。アクスルはこのスプリングと、上下2本の平行なラジアスロッドによってシャシーと結ばれ、後者が前後方向の力を支える。さらに補助のコイルスプリングと、その同軸上に油圧ダンパーを備える。限定生産車にもかかわらず、右ハンドル仕様も選べたが、実際には右ハンドル車はわずか2台しかない。

ブレーキ

ブレーキは330GT 2+2と同様、4輪ともダンロップ製ディスクブレーキである。ブレーキ油圧系統は330GT 2+2の第2シリーズモデルとほぼ同一で、ダンロップ製バキュームサーボを備える。

ホイール/タイア

標準装備品はボラーニのワイアホイールである。メッキのスポークと、7×15のポリッシュ仕上げアルミリムの組み合わせに、205-15のタイアを履いた。

ホイール/タイア

ホイール前後	7L×15 Borrani ワイアホイール（軽合金リム）RW3812型
タイア前後	Dunlop 205-15またはPirelli 210HR-15

生産データ

1966年〜1967年
シャシーナンバー：
08347, 09127, 09447, 09615, 09631, 09801, 09849, 09889, 09935, 09985[1], 10077, 10105, 10327, 10369[1].
[1] 右ハンドル仕様（2台）
生産台数：14台

識別プレート/各種カラー

識別プレート、ボディカラー、内装/カーペットのカラーについては、275GTBの章の表を参照。

ファクトリーの発行物

1967年
● 1967年モデル全車のカタログ。うち2ページに、365カリフォルニアの写真と伊/仏/英語表記の各種諸元を掲載。[ファクトリーの参照番号：11/66]

"耳"が3本のノックオフ式ハブナット。このシリーズでは、ボラーニの"手"のロゴマークが刻まれている。

エンジンルーム内に取り付けられた、モデル型式、エンジン型式、シャシーナンバーを打刻した識別プレート。隣に指定エンジンオイルを記したプレートが見える。

Chapter 3
275 GT Berlinetta

275GTBは、250GTルッソというベルリネッタの後を継ぐモデルで、1964年のパリサロンにおいてオープン版の275GTSとともにデビューした。最初のプロトタイプは、1963年にシャシーナンバー05161GTをベースに製作され、250GTのエンジンを搭載しており、実質的には250GTBと呼ぶべき車であった。全体的なボディシェイプは250GTOとよく似ているが、フロントはGTOほど鋭くはない。ボディのカーブもゆるやかである。ロードカーゆえに装備も充実している。この車はフェラーリのロードカーとして初めて後輪に独立懸架と、5段のトランスアクスル、そして軽合金鋳造ホイールを採用した。ただし、長年使われてきたボラーニのワイアホイールもオプションとして残った。

標準では、ボディシェルがスチール製で、ボンネットとトランクリッド、ドアパネルのみアルミを使用したが、ほぼ全生産期間を通じて総アルミ製ボディもオプションで用意された。後年になってボディをすべて、あるいは部分的にノンオリジナルの材質で作り直した車もあり、そうした車では本来の仕様を知るのが難しい。同時期のすべての生産型V12フェラーリと同様、ボディのスタイリングはピニンファリーナによるもので、製作はモデナのスカリエッティが担当した（プロトタイプを除く）。

最初のモデルはノーズが短く、高速度域でノーズリフトが発生したため、フェラーリは1965年のパリサロンでは改良モデルを発表した。より長く、スリムになったノーズパネルを備えた姿は、それまで以上に250GTOを彷彿とさせた。同時に、リアウィンドーが広げられ、トランクリッドのヒンジが外部に露出したメッキパーツとなった。1964年から66年にかけては、小数のコンペティション仕様車がプライベートチーム向けに生産された。その詳細については第12章"コンペティションモデル"を参照のこと。

1年後、再びパリサロンにおいて姿を現したのが、当初3.3ℓの2カムシャフト仕様だったエンジンを4カムシャフト版に発展させた275GTB/4Aという名のモデルである。これはフェラーリのロードカーとして初の4カムシャフトエンジン搭載車だ。4カムシャフトとなっても、ボディの違いはボンネット中央のバルジくらいしかない。2カムシャフトモデルのオーナーが外観上の理由からボンネットを同様に変更した場合もある。両者を区別するために、2カムシャフトモデルを275GTB/2と呼ぶこともあるが、これは正式な呼称ではなく、あとで便宜的に付けられたものだ。275GTB/4Aの"A"はAlberi Distribuzione、イタリア語でカムシャフトを意味したが、その略号はすぐに外され、ファクトリーの発行物には単に275GTB/4と記されている。

1967年2月、275GTB/4のスパイダーモデルが登場した。これはアメリカのインポーター、ルイジ・キネッテ

"ショートノーズ" 2カムシャフトの275GTB。シルバーの塗色がベルリネッタの豊かな曲線に映える。このモデルにのみ用意された標準装備"スターバースト"ホイールを履く。

275 GT Berlinetta

寸法／重量

	275GTB (ショートノーズ)	275GTB (ロングノーズ)	275GTB/4 (ロングノーズ)
全長 (mm)	4325	4410	4410
全幅 (mm)	1725	1725	1725
全高 (mm)	1200	1200	1200
ホイールベース (mm)	2400	2400	2400
トレッド前 (mm)			
$6^{1}/_{2}$×14リム	1377	1401	1401
7×14リム	1409	1409	1409
7×15リム	1377	1377	1377
トレッド後 (mm)			
$6^{1}/_{2}$×14リム	1393[1]	1417	1417
7×14, 7×15, $7^{1}/_{2}$×15リム	1426	1426	1426
乾燥重量 (kg)	1100	1100	1100

[1] 275GTBロングノーズ仕様で、2型の軽合金ホイールを装着の場合

ショートノーズの275GTB。こちらはオプションのボラーニ製ワイアホイールを装着する。中央が幅広く少し盛り上がったボンネットは、オプションでキャブレターを6基備えた2カムシャフトモデル用のもの。

ィからの強い要請に応えて造られたもので、275GTS/4 NARTスパイダーと呼ばれた。このモデルに関する説明は、275GTSモデルの章ではなく本章に含まれる。というのも、このスパイダーは275GTSとは共通点がなく、275GTB/4のメカニカルコンポーネンツを使用し、本質的に後者のソフトトップバージョンだからだ。事実、このモデルに対してファクトリーが発行したインボイスには、ベルリネッタからスパイダーへの換装費用が記されていたものもあった。同モデルは1967年と1968年初期にかけて10台が製作された。そのうちの1台、シャシーナンバー09437は1967年のセブリング12時間に出場し、デニス・マクラゲッジとピンキー・ローロのドライブにより総合17位、クラス2位の記録を挙げた。その車は『Road & Track』誌の手でロードテストにかけられ、またスティーブ・マックイーンとフェイ・ダナウェイ主演の映画『The Thomas Crown Affair』（邦題：華麗なる賭け）にも登場した。スティーブ・マックイーンは無類の自動車好きで、その映画の撮影に使われた275GTS/4 NARTスパイダーが気に入り、その後自分用に1台（シャシーナンバー10249）を購入している。275GTS/4 NARTスパイダーは長年にわたって、フェラーリのロードカーとして最も人気が高く、価値のあるモデルのひとつである。全車とも本来の仕向け地はアメリカだったが、最後の生産車、シャシーナンバー11057だけは最初からヨーロッパに存在していた（ごく最近、大西洋を渡った）。ベルリネッタと同様、このスパイダーもモデナのスカリエッティの工場で製作された。

275GTB/4の生産は1968年に終了し、計330台が世に送り出された。その後継として登場したのが4.4ℓの365GTB/4だが、その初期のプロトタイプは275GTBと似たノーズ形状をしていた。

ボディ／シャシー

275GTBのシャシー（ホイールベース2400mm）は、祖先にあたる250GTから直接発展したフェラーリの定番ともいえる構造を持つ。メインフレームは縦方向に伸

ショートノーズの275GTBを識別する特徴のひとつは、トランクリッドの外側にヒンジが付かない点だ。

オプションのボラーニ製ワイヤホイールを履いたロングノーズ、2カムシャフトの275GTB。標準の3連キャブレター仕様では、ボンネットは平らである。

びた2本の楕円鋼管で、それをフロントのクロスメンバーと、中央の交差型筋交いで連結。そのメインフレームとボディ側部を支える両側の桁を梁で結び、前寄りにバルクヘッド、ペダルボックス、ダッシュボードを保持するサブフレームを溶接したものが主構造体である。それに、いくつもの細い丸型および角型断面の鋼管でフレームを形づくり、ボディパネルを保持・固定する。

この新しいシャシー（ティーポ563）が、250GTシリーズのシャシーと異なるのは、縦方向のメインチューブがリアにかけて内側に狭まっている点である。これは、トランスアクスルを保持し、独立式リアサスペンションの取り付けスペースを確保するためだ。ふたつとも、フェラーリのロードカーとしては初採用の機構であった。このシャシーにエンジンは4個、トランスアクスルは3個のマウントを介して搭載された。

1966年初めに、シャシーは改良を受けてティーポ563/66となった。エンジンとトランスアクスルの中心軸のずれを解消するために行われた変更である。トランスアクスルの場合、プロペラシャフトはエンジンと同じ回転数で回るため、中心軸はきわめて正確に一致しなけ

275 GT Berlinetta

優雅さとアグレッシブな雰囲気を見事にバランスさせたボディライン。275GTBはピニンファリーナの傑作のひとつである。この4カムシャフトモデルが、外観上、ロングノーズ2カムシャフトモデルと唯一異なるのは、ボンネット中央の細いバルジである。ロングノーズ2カムシャフトモデルと、4カムシャフトモデルは、ともにトランクリッドの外側にヒンジが付く。

ればならない。その解決策は、エンジンとトランスアクスルをより柔軟性の高いマウントで搭載し、両者を強固なトルクチューブで連結して、事実上ひとつのユニットとする方法であった。エンジンブロックとトランスアクスルケースは、マウントの数をそれぞれ2個に減らした。その位置は、エンジンではブロック両側のほぼ中心位置に、トランスアクスルもケース側面、下寄りのほぼ中央に付いた。同様な構成は275GTB/4にも追加変更なしに引き継がれたが、シャシーの型式ナンバーは596に変わった。このように、初期型と後期型のシャシー型式による違いは、エンジン／トランスアクスルのマウントの位置と数（前者が7個、後者が4個）である。どちらのシャシーも光沢のある黒い塗装仕上げで、エンジンルームとトランクも同様だ。

本章の冒頭でも述べたように、275GTBのボディスタイルには250GTOとの類似性が明らかに認められる。GTOの1962年モデルの全体的なシェイプに、1964年版ボディの大きくカーブしたフロントウィンドーの輪郭を融合させたように見える。ファクトリーのレーシング部門が創り出したシェイプと、同じく彼らによる1964年

フェラーリのロードカーのなかで、最も希少で人気の高いモデルのひとつが、この275GTS/4 NARTスパイダーである。生産台数はわずか10台。フロントウィンドーから前の部分はベルリネッタと同一で、均整のとれた美しいボディラインはまったく損なわれていない。

ソフトトップを上げた状態でも、引き締まったラインと優雅な姿は変わらない。リアの特徴として、トランクリッドが平らで、外側にヒンジが付く。この車、シャシーナンバー10621はオプションのボラーニ製ワイアホイールを装着する。

の手直しを、ピニンファリーナが居住性を備えたストリートモデルに再定義したのである。その力強く、アグレッシブな曲線は、史上最も成功を収めたGTレーシングカーのラインを範としている。

最初の生産シリーズは、2カムシャフトエンジンを搭載し、今日"ショートノーズ"と呼ばれる。ラジエターグリルの奥行きが深く、左右2分割式のバンパーがノーズパネルの下端に位置するのがフロントの特徴である。そのほか、リアウィンドーが小さい、トランクリッドのヒンジが内側に備わる、ルーフの雨どいがドアウィンドーの後端で終わっている、などの点でもこのモデルを識別できる。2カムシャフトモデルのボンネットは、キャブレターの数（3基／6基）とエアクリーナーの形式によって異なり、平らなものと、中央が幅広く後方にかけて少し隆起しているものがある。

"ロングノーズ"バージョンは、1965年後半に発表された。ラジエターグリルの奥行きは浅くなり、形状はより楕円に近づき、バンパーは若干ほっそりとして、その端部が開口部に少し食い込むかたちで装着された。リアウィンドーは大きくなり、トランクリッドのヒンジが外側に移り、ドアウィンドー上方の雨どいがリアクォーターパネルにまで延長された。

この"ロングノーズ"ボディは275GTB/4でもそのまま継続となった。唯一の違いは、キャブレターのエアクリーナーをかわすための長いバルジが、ボンネット中央に付いた点である。シャシーとボディ、そしてモデルとの関連をまとめると以下のようになる。ティーポ563シャシー："ショートノーズ"と"ロングノーズ"のふたつの2カムシャフトモデル。563/66シャシー："ロングノーズ"の2カムシャフトモデル。596シャシー：275GTB/4（および275GTS/4 NARTスパイダー）。

すべてのモデルとも、ボディはスチールパネルの溶接で製作され、ドアとボンネット、トランクリッドのみ、スチール枠にアルミパネルを被せている。ただし総アルミボディもオーダー可能であった。その場合、インナーおよびアウターシルのパネルはスチール製のままで、それにアルミ製ボディをリベットで固定した。ほかのアルミ製パネルもスチール製の枠に同様な方法で固定された。伸縮を考慮して、アルミ製ボディには、フロントピラーの上端と下端、リアクォーターパネルとルーフの間、

すべての"ロングノーズ"モデルはトランクリッドのヒンジが外側に備わる。

275 GT Berlinetta

この275GTS/4 NARTスパイダー（シャシーナンバー09437）は、一番最初に造られた車だ。1967年のセブリング12時間を走った戦歴の持ち主でもあるが、ここに示すのはカリフォルニアの海岸でトップを下ろし、静かにたたずむ姿だ。テールパネルのエナメル製NARTバッジに注目。

そしてサイドシルの部分に接合ラインがある。当初プレス成型のスチールで二重構造だったフロアパネルは、1965年半ばに、ペダルボックスと一体のバルクヘッドとともにグラスファイバーの成型品に代わった。

"ロングノーズ"にボディを変更した"ショートノーズ"モデルも多い。当時（おそらく事故などで破損したために）造り替えられた車もあるが、それ以外はあとになってオーナーの好みで行われた変更だ。同様に、"4カムシャフト"ボンネットを備えた2カムシャフトモデルや、2および4カムシャフトモデルからルーフを切り取って造られた275GTS/4 NARTスパイダー・レプリカもある。

外装／ボディトリム

ボディの外側を飾るトリムは、シリーズの全モデルとも最小限である。2カムシャフトの"ショートノーズ"モデルは比較的奥行きが深く、長方形に近いラジエターグリルを特徴とする。開口部は隅が丸く、横から見ると上端が下端より突き出ている。縁には薄いアルミ製の枠があって、少し奥まった位置にアルミの薄板を組んだ格子が填まり、その中央にはメッキのカヴァリーノ・ランパンテが飾られる。

いっぽう"ロングノーズ"モデルは、ラジエターグリルの奥行きが浅く、より楕円形に近いうえ、縁が丸みを帯びている。同様な格子が奥まった位置に付くが、跳ね馬の飾りはない。ロングノーズ／ショートノーズモデルともに、エナメル製のフェラーリ・エンブレムがノーズパネル上面の浅い窪みに付いた。両側のフロントフェンダー側面、4枚のルーバーの下には、横に細長い矩形のピニンファリーナ・バッジが装着された。そしてフェラーリの文字のバッジが、ショートノーズモデルではテールパネルのナンバープレートの上に、ロングノーズモデルではトランクリッドに、それぞれ取り付けられた。後者は、その上方にメッキのカヴァリーノ・ランパンテが付いた車もある。

フロントバンパーはスチール製のメッキ仕上げである。ショートノーズモデルではバンパーの丈があり、端部はラジエターグリルの隅の下に達する。ロングノーズモデルではほっそりとしたバンパーで、端部は開口部の内側に少し食い込んでいる。リアバンパーはスチール製のメッキで、3つの部分から成り、リアホイールアーチの後端付近にまで回り込む。断面が三角形のアルミ製サイドモールが、ドアの真下、前後のホイールアーチ間のサイドシルを飾る。そのほかの光り物は以下のメッキパーツである。フロントおよびリアウィンドーを囲むトリム、ルーフ雨どいのトリム、ヘッドランプカバー周囲のトリム、ドアガラスの枠、ワイパーアームとブレードのフレーム、トランクのプッシュボタン式ロック、後端にプッシュボタンの付いたドアハンドル。このドアハンドルは、初期の車ではキーロックがプッシュボタンに組み込まれていたが、ロングノーズモデルの登場とともに、プッシュボタン下のドアパネルに設けられた丸いキーロックに代わった。またロングノーズモデルでは、トランクリッドのヒンジがメッキの亜鉛鋳造品で、それが外側に付いた。

リアクォーターパネルには、フロントフェンダーに位置するものと同様の形状で、それより小さい垂直のルーバーが3枚備わる。その室内側にはスライド式のパネルがあって、キャビンのベンチレーション機能を果たす。むろん275GTS/4スパイダーにはこのルーバーはない。そのソフトトップには後部に四角い透明なプラスチック製パネルを備え、トップは2個の留め金でフロントウィンドーフレームに固定。フューエルフィラーは標準ではトランク内に設けられたが、アルミ製のクィックリリース式フィラーをリアフェンダーに組み込むこともできた。あとでこのオプションを装着した車もある。

ガラス類はすべて無色で、フロントウィンドーは合わせガラスを使用する。ウィンドーワイパーは作動スピードが2段階切り替え式で、オートストップ機能を備え、アームは左ハンドル車では左側に、右ハンドル車では右側に停止する。ドアは開閉式の三角窓を備え、前側の下隅にメッキ仕上げの留め金が付く。1966年4月、リアウィンドー熱線（ダッシュボードのスイッチで操作）が標準装備となった。

ボディカラー

Amaranto 19.374 lt./20.153
Argento Auteuil 106.E.1
Azzurro La Plata 20.A.167
Azzurro Met 19.278M/
　20.336/1.443.648
Blu 19.343
Blu 20.444
Blu Chiaro 20.295
Blu Chiaro Met 2.443.604
Blu Notte 20.454
Blu Porpora 66.426
Blu Sera 20.264
Blu Sera Met 20.100M/
　106.A.18/2.443.603
Blu Scuro 20.448/95C-6159
Blu Turchese 23.132
Bianco 20.414
Bianco Polo Park I20.W.152
Celeste Met 20.411
Celeste Chiaro 106.A.26
Giallo
Grigio Argento 20.265/
　25.090
Grigio Ferro 106.E.8
Grigio Fumo 20.294
Grigio Notte 106.E.28
Marrone 2.662.378
Nero
Nocciola 20.451
Nocciola Met 106.M.27
Oro Chiaro Met 19.410M
Rosso 19.374
Rosso Chiaro 20.R.190
Rosso Chiaro 20.R.191
Rosso Cina 20.456
Rosso Cordoba Met 106.R.7
Rosso Rubino Met 20.481
Verde 20.449
Verde Pino 20.453/106.G.30

上記のカラーは500スーパーファスト、365カリフォルニア、275GTB/4、275GTSモデルにも該当する。また1969年中頃までは、330GTC、330GTS、365GTC、365GT 2+2にも用いられた。顧客はこれ以外の特別な色を注文することもできた。

エンジンルームの熱抜き穴となる、フロントフェンダーの4本のルーバー。その下にはピニンファリーナのバッジが付く。同様な形状のルーバーはリアクォーターパネルにも3本備わる。こちらはキャビンのベンチレーション用だ。どちらも、すべての275GTベルリネッタに共通する。

275 GT Berlinetta

ショートノーズ2カムシャフトモデルの室内。この車では、シートクッションとバックレストの中央部に、表面に無数の細かい穴があいたビニールを使っている。助手席足元の消火器は現代の装備品。グローブボックスの蓋に付いたフェラーリ・クラブのバッジと、センターコンソールの小さな楯のマークは、オーナーが追加したもの。ドアトリムのデザインは全生産期間を通じて変更はなかった。

塗装

当時のフェラーリはボディの塗色にじつに幅広い選択肢を用意し、また顧客はそれ以外の特別な色も注文できた。したがって、標準の塗色リストなどというものはないに等しい。原則として、本章で取り扱う275GTBシリーズをはじめ、スカリエッティで製作された車はグリッデン&サルキ社の塗料を使用し、ピニンファリーナで製作の車はPPGあるいはデューコ社の塗料を使って仕上げられた。後者にはメタリック色はない。むろん顧客の特別な要求に対しては、上記の原則から外れる場合もあった。ゆえに、もしスカリエッティ製の車にPPGあるいはデューコの塗料が使われていたとしても、それを一概にノンオリジナルだと決めつけることはできない。グリッデン&サルキ製の塗料を使ったピニンファリーナ製の車も同様である。

該当する時期に用意されていたすべてのカラーを30ページの一覧表に示す。コード番号が記されていないものは、メーカーがそれを発行していなかったからである。

シャシー、エンジンルーム、トランクルーム、目に触れない車体の内側、フェンダーの裏面、車体下面はすべて光沢のある黒い塗装仕上げとされた。

内装／室内トリム

2カムシャフトモデルでは、バケットシートの張り地が4種類あった。コーデュロイとビニール、コーデュロイと本革、表面に無数の細かい穴があいたビニール、そして総本革張りである。総本革張りが最も多く選ばれた。コーデュロイの色は通常、周囲のビニールまたは革に合わせて、黒、青、グレー、あるいはタンが使われた。4カムシャフトモデルでは総本革張りが標準だったが、コーデュロイも選べた。

2脚のバケットシートはサイドサポートが充分に張り出し、座面とバックレストの中央部分にはステッチによってできたうねが10列ある。本革はフェラーリとは長い付き合いのイギリス、コノリー社から供給された。色

総本革張りの内装を備えた275GTB/4。前ページの2カムシャフトモデルとは、ダッシュボードの構成が明らかに異なっている。

　の種類については33ページの一覧表に示すとおり。シートはクッションの前端下に前後の位置調整レバーが備わるが、シート高とバックレストの角度調整はできない。

　アームレストはドアグリップと一体型で、グリップ部の前方のドアトリムパネルにメッキのドアレバー、その下にウィンドーレギュレーターハンドルがそれぞれ位置する。4カムシャフトモデルではオプションでパワーウィンドーが用意され、スイッチがセンターコンソールの灰皿の後方に付いた。その場合、故障時に応急用ハンドルを差し込むための丸い穴をドアトリムパネルに残し、通常はプラグで塞いだ。ドアトリムパネルの最下部、およびサイドシルのドアと接する面は、ポリッシュアルミの板張りである。ダッシュボード下、足元の側面には左右ともに、縦に四角い調節式の外気吹き出し口を設け、そこにフロントフェンダー側面から外気を導いた。

　フロアおよびリアパーセルシェルフは標準ではカーペット張りで、運転席と助手席の足元部分にはカーペットの上に筋の入った黒いラバーマットが張られた。助手席側の足元には、垂直な面にもマットがあり、さらに横に伸びたバー型のフットレスト（表面は筋の入ったラバー張り）を備えた。カーペットのカラーバリエーションについては別表に示す。顧客は、カーペットの代わりに、表面に細かい丸い突起が付いた黒いビニールを選ぶこともできた。バルクヘッドの中央部分、センタートンネル、前後ホイールアーチの室内側、ダッシュボードの上面、トランクルームとの仕切り板は標準ではビニール張りである。トランクとの仕切り板は薄いパッド入りで、縦に溝が付いた。後部のシェルフには、荷物を固定するための2本の革製ストラップと、それを留めるメッキ仕上げの金具を備える。

　天井の内張りは細かい穴のあいたアイボリー色のビニールで、内側に仕込まれたワイアで吊られ、周囲のルーフフレームも同じビニール張りである。同様な張り地のリアクォーターパネルには、丸いツマミの付いたスライド式ベンチレーションパネルが備わり、その裏側には菱形の網のグリルが組み込まれている。左右に付いたサンバイザーはアルミ製で、やはりアイボリー色のビニール張り。その間には防眩型のルームミラーが位置し、助手席側のサンバイザーにはバニティーミラーが付属する。

　メッキ仕上げで、黒いプラスチック製ノブが付いたシフトレバーは、左ハンドル／右ハンドルを問わず全モデルともセンタートンネルの左側に位置する。シフトブーツはなく、メッキのゲートが露出する。その真後ろの中央には、メッキでスライド式の蓋が付いた灰皿が備わる（4カムシャフトモデルでは前端に赤い照明付き）。灰皿の後方は、小物入れトレイとなっている。このトレイは2カムシャフトモデルではダッシュボードの化粧パネルと同じベニヤ張りだが、4カムシャフトモデルでは周囲のセンタートンネルと同じ張り地が与えられた。センタートンネル脇のフロアからは、運転席側にサイドブレーキが突き出し、その根元にはビニール製ブーツが付いた。2個のルームランプは、それぞれ左右のドア後部の上方にあたるルーフフレームに位置し、ドアの開閉と連動して、あるいはダッシュボードのスイッチ操作で点灯する。各ルームランプの前端はメッキのコートフックとなっている。

カーペットカラー

Beige
Black
Green
Grey
Red

上記のカラーは500スーパーファスト、365カリフォルニア、275GTB/4、275GTSモデルにも該当する。
1969年中頃までは、330GTC、330GTS、365GTC、365GT2+2にも用いられた。
顧客はこれ以外の特別な色を注文することもできた。

275 GT Berlinetta

本革カラー

Beige VM846
Beige VM3218
Beige VM3309
Black VM8500
Blue VM3015
Blue VM3087
Dark Red VM893
Grey VM3230
Light Blue VM3469
Red VM3171
White VM3323

上記のカラーは500スーパーファスト、365カリフォルニア、275GTB/4、275GTSモデルにも該当する。
1969年中頃までは、330GTC、330GTS、365GTC、365GT2+2にも用いられた。

フェラーリが使った本革はコノリー社の製品で、上記の番号は同社のVaumol革の番号。現在はConnolly Classicの名称で供給されている。
ボディカラーと同様、顧客は特別な色を注文することもできた。

ロングノーズモデルに採用の独立したメーターナセル。

ダッシュボード／計器類

　一瞥したかぎりでは"ショートノーズ"も"ロングノーズ"モデルもダッシュボードは同じに見えるが、実際には多少異なる。ショートノーズモデルのダッシュボードは上面が一体型の黒いビニール張りで、ステアリングホイールの正面にあたる部分が少し盛り上がっているのが特徴だ。いっぽうロングノーズモデルのダッシュボードは同様に黒いビニール張りながら、その上面に独立したメーターナセルを備える。さらに、フロントウィンドーの付け根に沿ってふたつの細いデフロスター用吹き出しスロットが設けられ、黒いプラスチックの縁取りが付いた。ショートノーズモデルではダッシュボードの化粧パネルがチークのベニヤ張りだが、ロングノーズモデルでは黒のビニールあるいは革張りとなる。ダッシュボードの下側の縁は、両モデルとも丸みを帯びたパッド入りの黒いビニール張りである。むろん、これらは標準仕様で、顧客の要求に応えた特別な仕様もあった。また、ロングノーズモデルでも初期の車の一部は、ショートノーズと同じダッシュボードを与えられた可能性がある。いつ変更が行われたか、それを断定できる資料はない。

　ドライバーの真正面には、アルミ製3本スポークとウッドリムを組み合わせた優雅なステアリングホイールが位置する。ボスはアルミ製で、ホーンボタンの中央には跳ね馬のマークが付いた。ステアリングコラム左側から突き出た2本の細いレバーは、全モデルともウィンカースイッチと、ヘッドランプの切り替えスイッチである。ロングノーズモデルには、コラム右側にもう1本のレバーが付く。これはワイパースピードを切り替えるとともに、手前に引くとウォッシャーが作動する。ショートノーズモデルのウォッシャースイッチはフロア設置型で、ドライバー側フットレストのそば、ボンネットリリースレバーの付近に位置する。イグニッション／スタータースイッチはキー式で、ステアリングロックを内蔵し、ステアリングコラムの右下に備わる。

　ショートノーズモデルではスピードメーターとタコメーターがドライバーの真正面に位置し、両者の間の上側に黒いプラスチック製の小さなビナクル（台座）が設けられ、油温計と油圧計が収まる。その下に、水平スライド式のチョークレバーが備わる。スピードメーターにはトリップメーターとオドメーターが内蔵され、文字盤には緑色のサイドランプ点灯警告灯と、2個の赤いウィンカーインジケーターが付く。タコメーターの方は3個の警告灯を備える。リアデフロスター用ファン（オレンジ色）、電磁式フューエルポンプ（紫色）、ヘッドランプハイビーム（青）。小さなビナクルはもうひとつダッシュボードの中央部にも設けられ、水温計、アンメーター、燃料計（残量警告灯付き）、時計が収まる。計器類はすべて文字盤が黒、表示が白である。このビナクルの隣には、計器照明のスイッチと、ヒーター／ベンチレーションのスライド式調節レバーが位置する。ビナクルの下にあるのがスイッチパネルで、ウィンドーワイパー、ヘッドランプ、フューエルポンプ、左側のベンチレーション用ファン、デフロスター／右側のベンチレーション用ファン、ルームランプ、予備（1966年4月以降はリアウィンドーの熱線用）の各スイッチ、そしてシガーライターが並ぶ。助手席側には小さな蓋の付いたグローブボックスが備わる。この蓋に時計を装着した車もあるが、通常は単なるノブが付いた。ダッシュボード化粧パネルの上下は細いポリッシュアルミのトリムで縁取られた。ヒューズおよびリレーパネルは助手席側のダッシュボード下に位置する。

　ロングノーズモデルのダッシュボードもほぼ同様な配置だが、ドライバー正面に位置する計器類が、同じ黒いビニール張りでダッシュから独立したメーターナセルに収まる。このナセルの下にステアリングコラム・シュラウドを装着、そこにイグニッションキーが組み込まれた。

トランク

　ティーポ563シャシーの車は、アルミ製でリベットが打たれたフューエルタンクをトランクにひとつ備える。容量は94ℓ。フィラーキャップはトランクの後部右隅に位置する。トランクリッドの裏側にはフォームラバーで成型されたシールがあって、ガソリンの臭気がトランクに侵入しないようにフィラー部の周囲を塞いでいる。スペアタイアはトランクルームのキャビン側に近い床面にフラットに収納される。トランク床面は灰色の斑点が少し混じった黒いカーペット張りで、それ以外の金属部分は光沢のある黒い塗装仕上げだ。トランクの天井部分、両側のヒンジの間には照明が備わり、トランクリッドに付いたスイッチプレートで、トランクを開けると点灯する。車載工具は左右どちらかのリアフェンダーの窪みに収納された。

　ティーポ569シャシーの車の場合、アルミ製フューエルタンクが2個で、それを左右のリアフェンダー寄りに

ショートノーズ2カムシャフトモデルのトランクルーム。リッドの内側に付いたヒンジと、床面に置かれたスペアホイールが特徴である。ロングノーズモデルでは、スペアホイールが床面の窪みの中に収まる。フューエルフィラーキャップは標準では、このようにリッドを開けた右隅に位置する。この車は、内装トリムと同色のカーペットを追加している。

振り分け、パイプで連結した。表面はグラスファイバーの吹き付け塗装である。この配置によりトランクルームの中央スペースを設け、さらに下側に広げてスペアホイールを収めた。タンクの総容量とフィラーの位置に変更はない。カーペット、金属面の仕上げ、内部照明なども同じである。車載工具はスペアホイールの窪みに収められた。

両モデルともトランクリッドは、キーロック付きのプッシュボタンを備え、右側に付いた自立式伸縮ステーで保持される。

エンジン
2カムシャフト／ティーポ213

2カムシャフトエンジンは3286ccの60°V12ユニットで、280bhp／7600rpmの最高出力と30mkg／5500rpmの最大トルクを発揮する。ファクトリーの型式は、エンジンマウントの数（2個あるいは4個）にかかわりなく213で、250／275LMに搭載のユニット（ティーポ210／211）の直系にあたる。ボア・ストロークは77×58.8mm。各シリンダーバンク1本のオーバーヘッドカムシャフトを備える。

ブロック、シリンダーヘッド、ベルハウジング、オイルパン、カムカバー、その他すべてのカバープレート類はシルミン（アルミと珪素の合金）の鋳造品で、マラネロにあるフェラーリの鋳物工場において高い技術水準で造られた。シリンダーライナーはスチール製で、焼き填め式を採用している。カムカバーは黒の縮み模様塗装で仕上げられ、フェラーリの文字の浮き彫りがある。各カムシャフトは6個のホルダーで保持され、シャフト前端にスプロケットをボルト留めした。カムシャフトホルダーはロッカーアームの台座も兼ねる。カムシャフトはクランクシャフトから3列チェーンで駆動され、ケース下側右にチェーンテンショナーがある。バルブは、スチール製ロッカーアームを介して開閉され、アームは先端にバルブクリアランス調整スクリューを備える。

インテークバルブは各シリンダーヘッドのエンジン中央側にあり、V字の谷間に位置する合金鋳造のマニフォールドから混合気が流れ込む。そのマニフォールド上に、標準ではツインチョーク・ダウンドラフト型のウェバー40DCZ／6または40DFI／1を3基、オプションではウェバー40DCN3型を6基装着した。キャブレターアセンブリーの左側を燃料供給パイプが走り、右側にはスロットルリンケージロッドのアセンブリーが備わる。この配置はステアリングホイールの位置に関係なく同じだ。異なるのはケーブルクランクアーム、およびケーブルの長さ（左ハンドル車の800mmに対して、右ハンドル車では900mm）と取り回し、保持ブラケット類である。キャブレターに燃料を供給するのは、フィスパ製Sup150機械式ポンプ（メッシュフィルター付き）で、補助用にフィスパPBE10電磁式ポンプも備え、後者はダッシュボードのスイッチで作動。エグゾーストバルブはVバンクの外側に位置する。インテーク／エグゾーストともに、シリンダーヘッドには焼結青銅製のバルブシートが填め込まれ、バルブガイドは青銅製、バルブスプリングはダブルである。バルブガイドは、吸気／排気側の両方で1965年末から、オイル保持性に優れたテフロン製シールリングを組み込んだ改良型に代わった。

エグゾーストバルブから排出されたガスは、3本で1組となったスチール製マニフォールド（各シリンダーバンクに2組で、その上をヒートシールドが覆う）へと流れる。マニフォールドは3本ずつ1本の集合パイプにまとめられ、その2本がさらに各バンク1本の大径のパイプへと合流する。このパイプは、さらにキャビンのフロア下に吊られた左右別々のサイレンサーボックスへと繋がる。そこから2本のパイプが出て、リアサスペンションを避けるように弧を描いて後部まで伸び、最後尾にラバー製ハンガーで吊られた片側2本1組のメッキのテールパイプが装着された。

標準のエアクリーナーボックスは黒色ペイント仕上げのスチール製プレス成型品で、上面のパネルは縁にギザギザの付いた3個のナットで留められている。このエアクリーナーは2種類あり、一方が他方より高さが低い。初期型の背の高い方は、長細く両端が丸いケースの中に独立した3個の丸型のエレメント（キャブレターの吸気口ごとに1個ずつ）を備える。後期型の背の低い方は、同様な大きさのケースに、その内周に沿った形状のエレメントがひとつ収まる。エアの取り入れ口は、ボックスの両側から2本ずつカムカバーの上に突き出た細長い断面のダクトである。初期の車には、275GTSの章で説明しているパンケーキ型エアクリーナーを装着した車も一部あった。

点火系統は、各バンクごとに1個のマレリS85AまたはS85Eディストリビューターを取り付け、それぞれの側のカムシャフト後端から回転を得る。イグニッションコイルも左右1個ずつ備わる。ディストリビューターから出たプラグコードは、カムカバーにボルト留めされたスチールプレス成型のシュラウドに沿って走り、プラグキャップを経て、各気筒のマーシャル34HFあるいはチャンピオンN6Yプラグに繋がる。点火順序はタイミングチェーンケース上面のプレートに記されている。

車載工具

シザーズ型ジャッキ
（ラチェットハンドル付き）
リア・エキストラクター・ボルト
フロントハブ・エキストラクター
リアハブ・エキストラクター
オルタネーター用ベルト
（60475）
プラスドライバー
（直径〜4mm用）
プラスドライバー（5〜6mm用）
プラスドライバー（7〜9mm用）
マイナスドライバー
（長さ125mm）
マイナスドライバー
（長さ150mm）
グリスガン
ホーンコンプレッサー用オイル
（フィアム製）
ウェバーキャブレター用スパナ
（510/a）
スパークプラグレンチ
ハンマー（500g）
鉛製ハンマー（1kg）
汎用プライヤー
両口スパナセット（8〜22mm、7本組）

275 GT Berlinetta

クランクシャフトは鍛造スチールの塊から機械加工で削り出されたもので、それを7個のメインベアリングで支持した。コンロッドはスチールの鍛造品で、Vバンクで同じ位置に並ぶ2個のシリンダーのコンロッド2本1組として、ひとつのジャーナルに取り付けた。メインベアリングと、ビッグエンドおよびスモールエンドベアリングにはホワイトメタルを用いた。クランクシャフトの前端には、オイルポンプドライブギアの先に、3列式タイミングチェーン駆動用の3列スプロケットがスプラインで結合され、クランクシャフト後端のフランジには、スチール製フライホイールがボルトで留められた。

コンロッドのビッグエンドボルトは空回りを防ぐため特殊な形状をしている。軽合金製ピストンは頭部がフラットで、バルブと接触しないようバルブリセスが設けられた。ピストンリングは3つで、最下部がオイルコントロールリングだ。ピストンのスカート部はピストンピンの下に両側とも切り欠きがある。

シルミン合金製のオイルパンは側面に冷却フィンを備え、下面は脱着可能なベースプレートで、その内側にはバッフルが鋳込まれている。オイルパンの後部には油温計センダーユニット用の穴があり、ベースプレートにはドレンプラグが付く。オイルパンの前面には、クランクシャフトからギアで駆動されるオイルポンプが内蔵された。メッシュフィルターの付いたインレットから吸い込まれたオイルは、エンジンの前面、右上に位置する第1フィルターへと圧送される。第2フィルターはエンジン前面、左上の位置にある。クランクケース左側から突き出たチューブには、アルミ製の把手が付いたオイルレベルゲージが差し込まれ、アルミのキャップが付いた2本のオイルフィラー／ブリーザーチューブがオイルフィルターに隣接する。エンジンの油圧は油温100℃、7000rpmで5.5kg/cm²が標準で、同条件で4kg/cm²が最低許容限度である。低回転（約700〜800rpm）における最低許容限度は1.0〜1.5kg/cm²である。

エンジンは水冷式で、前方にラジエターがある。ウォーターポンプはタイミングチェーンケースの上部中央に位置し、タイミングチェーンによって直接駆動される。ラジエター上部タンクの後面、冷却水の入り口にはサーモスタットが備わり、エンジンの温度によって冷却水の流れを制御する。ラジエター前部左側のラジエターキャップは冷却系統を0.9kg/cm²に加圧した状態に保つ。圧力が規定値以上に高まると、余分な冷却水はエキスパンションタンクに流れ込む。ラジエターは電動ファンを備え、それが水温が84℃になると自動的に作動し、75℃以下に下がると停止する。エンジンの最高運転温度は110℃である。主冷却系統から分岐した2本の細いラバーチューブが、ダッシュボードの裏側に収まる室内ヒーター／デフロスター用のコアへ温水を供給する。冷却系統のドレンプラグはラジエターの底部と、エンジンブロックの側部に付いた。

4カムシャフト／ティーポ226

4カムシャフトのティーポ226ユニットも、基本的な構造や使用材料は2カムシャフト版とほぼ同一だが、こちらの方がよりパワフルで、300bhp／8000rpmの最高出力と32mkg／6050rpmの最大トルクを発揮する。主な違いは、カムシャフトとバルブまわり、シリンダーヘッド内部の構成と、ドライサンプ式潤滑系統の採用、そしてそれに伴う他のコンポーネンツの変更である。4カムシャフトエンジンのシリンダーブロックは、すべてエンジンマウントは2箇所となる。

各バンク2本のカムシャフトは、インテークバルブの列とエグゾーストバルブの列の上方に1本ずつ置かれる。カムカバーは縮み模様塗装で黒く仕上げられ、フェラーリの文字の浮き彫りがある。カムシャフトベアリングは7個で、ホワイトメタルを用いた。各カムシャフトの前端にはギアがボルト留めされ、タイミングチェーン（2列式）で駆動される1個のインターミディエイトスプロケットが2本のカムシャフトをギア駆動する。このチェーンはクランクシャフトから駆動され、ケース下側右にテンショナーを備える。

カムシャフトの回転による上下動は、カム山に直に接するスチール製のバルブリフターと、バルブクリアランス調整用のシムを介してバルブに伝えられる。シムは、初期の車ではバケット型をしたバルブリフターの内側に

エンジン

	275GTB (2カム)	275GTB/4
形式	60° V12	60° V12
型式	213	226
排気量	3286cc	3286cc
ボア・ストローク	77×58.8mm	77×58.8mm
圧縮比	9.2:1	9.2:1
最高出力	280bhp/7600rpm	300bhp/8000rpm
最大トルク	30mkg/5500rpm	32mkg/6050rpm
キャブレター	Weber 40DCZ/6または40DFI/1型 3基 オプション：Weber 40DCN3型 6基	Weber 40DCN9または17、18型 6基

タイミングデータ

	275GTB (2カム)	275GTB/4
インテークバルブ開	18° BTDC	45° BTDC
インテークバルブ閉	56° ABDC	65° ABDC
エグゾーストバルブ開	56° BBDC	60° BBDC
エグゾーストバルブ閉	18° ATDC	41° ATDC
点火順序（両エンジンとも）	1-7-5-11-3-9-6-12-2-8-4-10	

2カムシャフトエンジンの場合、バルブタイミングの値は、バルブクリアランスがバルブリフターとロッカーアーム間で0.5mmの状態で測定する。エンジン冷間時の規定バルブクリアランスは、2カム／4カムエンジンともに、インテーク側が0.2mm、エグゾースト側が0.25mm。2カムシャフトエンジンではバルブリフターとロッカーアームの間で、4カムエンジンではバルブリフターとカムシャフトの間で測定する。

各種容量(ℓ)

	275GTB (2カム)	275GTB/4
フューエルタンク[1]	94	94
冷却水	10	12
ウィンドーウォッシャータンク	0.5	0.5
エンジンオイル	10	14
ギアボックス／ディファレンシャルオイル	4.4	4.4

[1] コンペティション向けに140ℓのタンクがオプションで用意された。

ショートノーズ2カムシャフトモデルのエンジンルーム。この車はキャブレターが3基で、パンケーキ型エアクリーナーを備えるため、スチールプレス成型品のエアクリーナー装着車よりも、エンジンルームがすっきりとして見える（後者の方が台数が多い）。シリンダーの点火順序を記したプレートが、エンジンの前部、タイミングチェーンケースの上面に位置する。

組み込まれ、バルブステムと接していた。しかしこの位置では、バルブクリアランス調整時にシムを交換するのにいちいちカムシャフトを取り外す必要があり、たいへんな手間と時間がかかった。こうした不都合を解消するため、バケット型のバルブリフターの頭部に窪みを設け、シムの位置をそこに移した。この場合、シムはカム山と接しているため、バルブを特殊な工具で押し下げれば、カムシャフトを取り外さなくてもシムを入れ替えることが可能だ。ただしこのシム位置には欠点もあることが知られている。エンジンを所定のレヴリミットを超えて回した場合に、シムが外れる恐れがあるのだ。もしシムがはじき飛ばされたり、可動部にひっかかったりしたら、エンジンは深刻なダメージを被る。

インテークバルブは各シリンダーヘッドのエンジン中央側にあり、V字の谷間に位置する合金鋳造のマニフォールドから混合気が流れ込む。そのマニフォールドに、ウェバー40DCN9または17、18キャブレターを6基装着する。シャシーナンバー10345から採用の40DCN18キャブレターは、オートチョークを備える。したがってこれを装着した車では、メーターナセルにチョークレバーがない。もっとも、どのフェラーリでも、始動時にチョークを使うオーナーは少ない。誰もが、電磁式ポンプでキャブレターに燃料を送り込んでから、スロットルペダルを数回あおる方法を好む。各部に異常がなければ、これでエンジンは始動する。左ハンドル／右ハンドルを問わず、燃料供給パイプはキャブレターアセンブリーの右側を走り、スロットルリンケージロッドは左側に付いた。スロットルリンケージは初期の車では、一部にケーブルが使われていたが、すべてロッド構成となった。燃料供給系統はツインタンクの2カムシャフトモデルと非常に似た構成だが、シャシーナンバー10201以降の車からフューエルタンクへのリターンパイプが付いた。

エグゾーストバルブはV字の外側に並び、排ガスはそこから3本で1組となったスチール製マニフォールド（各シリンダーバンクに2組で、その上をヒートシールドが覆う）へと流れる。マニフォールドは3本が1本に集合してフロントのサイレンサーボックスに接続。そこから2本のパイプが伸び、キャビン下に位置する2個連なったメインのサイレンサーボックスを経て、2カムシャフトモデルと同様な取り回しで、後部に吊り下げられたテールパイプへと繋がる。

標準のエアクリーナーボックスは黒色ペイント仕上げのスチール製プレス成型品で、上面のパネルはローレット加工のナット3個で留められている。ボックス内には、内周に沿った形のエレメントがひとつ収まる。ケースは後期の2カムシャフトモデルと同様な形状をしている。

ディストリビューターは、マレリS85AまたはS85E（シャシーナンバー10031以降）を各シリンダーバンク

275 GT Berlinetta

4カムシャフトモデルのエンジンルーム。この車は黒く塗られた大型のエアクリーナーボックスを備え、それがほとんどすべてを覆っている。そのボックス上面の後端に、シリンダーの点火順序のプレートが、前端に推奨オイル類の表示プレートが付く。2本のダクトの下に半ば隠れているのが、インテーク側のカムシャフトカバーである。

に1個ずつ装着し、エグゾースト側カムシャフトの後端から回転を得る。イグニッションコイルも左右1個ずつ備わる。ディストリビューターから出たプラグコードは、インテーク側カムカバーにボルト留めされたスチールプレス成型のシュラウドに沿って走り、チャンピオンN6Yスパークプラグに繋がる。プラグはふたつのカムカバーの間に位置し、プラグキャップが付く。

エンジンの主要コンポーネンツ（クランクシャフト、ピストン、コンロッド、フライホイール）はいずれも、形状や材質の点で2カムシャフトモデルとほぼ同じである。ただし、潤滑がドライサンプ方式となったため、オイルパンの形状はまったく異なる。2カムシャフトモデルと同様、オイルポンプはクランクシャフトの前端、タイミングチェーンスプロケットより内側に付いたギアから直接駆動される。しかし、ドライサンプゆえ、オイルポンプは2基となっている。ひとつはエンジン各部にオイルを送る加圧ポンプで、もうひとつはオイルパンに溜まったオイルを吸い上げ、オイルタンクに戻すスカベンジングポンプである。オイルタンクはフロントフェンダーの後部、バッテリーの下に装着され、オイルレベルゲージ付きのフィラーネックとキャップを備える。オイルはこのタンクから2個のフィルターと、エンジン前部右側に突き出たプレッシャー・リリーフバルブを経由して、オイル通路へと流れる。当初はノーズに装着のウォ

ーターラジエターの前面にオイルクーラーを備え、それがオイル系統に組み込まれていた。しかし油温の上昇は問題とはならないことが判明したため、シャシーナンバー09993以降、オイルクーラーは廃止となった。オイルパンのオイルラインの入り口には、油温計センダーユニット用のねじ込み穴が設けられている。油圧は120℃、8000rpmで6.0〜7.5kg/cm^{2}が基準値。同条件で、4.5〜5.0kg/cm^{2}が最小許容限度である。

ウォーターポンプは2カムシャフトモデルと同様、タイミングチェーンから直接駆動されるが、その装着位置はタイミングチェーンの左側である。冷却系統の全体的なレイアウトは2カムシャフトモデルとほぼ同じながら、シリンダーヘッドからラジエターへ戻るパイプの構成が異なる。ソリッドなアルミ製チューブが各ヘッド後部の接続部から、カムカバーの間とスパークプラグの上方を通り、そこでフレキシブルなジョイントで1本のパイプにまとめられてから、さらにフレキシブルジョイントを介してラジエターのサーモスタット取り付け部へと繋がる。ここには水温計センダーユニットのねじ込み穴が設けられている。

トランスミッション

275シリーズは、フェラーリの公道モデルとして初めてトランスアクスルを採用した車だが、ファクトリーで

はこの方式に関して競技用車両で多くの経験を積んでいた。ただしレーシングカーの技術を、信頼性と快適性が求められるロードカーにそのまま採用するわけにはいかなかった。主にエンジンとトランスアクスルを結ぶプロペラシャフトに関連する問題を解決する必要があった。

フェラーリは当初、このアセンブリーをできるだけ頑丈に取り付けようと、エンジンブロックは四隅（4箇所）で薄いラバーブッシュを介してシャシーに搭載。トランスアクスルも3個のマウント（ケース前部下側の左右と、後部上側の中央）で同様にシャシーにしっかりと固定した。そして直径16.5mmのスチール製プロペラシャフトで駆動を伝えた。このシャフトは両ユニットのフランジとスプラインで結合し、エンジンと等速で回転する。中間位置には、ブラケットでシャシーに固定された支持ベアリングがあった。このプロペラシャフトは若干たわむことで、エンジンとトランスアクスルの中心軸が多少ずれてもそれを吸収するように設計されていた。しかし、実際にエンジンとトランスアクスルを正しい位置に固定し、その状態を維持するは非常に困難なことがわかった。強いねじれトルクを受けながら高速で回転するプロペラシャフトは、中間ベアリングを短期間で摩耗させ、シャフトは想定していた以上にたわみ、不快な振動が発生した。1965年末、この問題の解決策としてファクトリーはシャフトの径を18.5mmとし、両端のエンジンとトランスアクスルとの接続部にユニバーサルジョイントを設けた。これにより、はるかにスムーズな回転が長期間にわたって得られた。

1966年4月、フェラーリはプロペラシャフトの振動問題に対する3つめの、そして最後の対策を、Technical Circular Letter 36（技術回報36番）で発表した。この変更で、エンジンブロックはシャシーへの取り付けポイントが2個（前から3番めのシリンダーとほぼ同じ位置）に減り、ラバーマウントも従来より柔軟性の高いものを用いた。トランスアクスルも同様なマウント2個を介して搭載された（位置はケース両側のほぼ中央）。そしてエンジンとトランスアクスルをトルクチューブで結合して、長いひとつの堅固なアセンブリーとした。スチール製のプロペラシャフトはこのチューブ内を通る。これにより振動の問題はついに解決され、ドライブトレーンはこの構成のまま275GTB/4の生産終了まで変更はなかった。

クラッチは当初フィヒテル・ウント・ザックス製の乾式単板／コイルスプリング式を用いた。作動は油圧式である。1965年末、プロペラシャフト両端にユニバーサルジョイントを備えたのと同時に、ダイアフラムスプリング式のボーグ&ベック製ユニットに変更し、いっそうスムーズなクラッチ操作が可能となった。このユニットは以後275GTB/4の生産が終わるまで使われ続けた。油圧フルードのリザーバータンクはブレーキ用のリザーバータンクとともに、ペダルボックスの上にあたるエンジンルーム後部のドライバー側に縦に並ぶ。ペダルは、パッド部分の裏側に出たピンをペダルレバーの先端に差し込み、ボルトで締め付けて固定している。そのピンに半円形の切り欠きが3つ設けられ、パッド部分の高さが調整可能となっている。

5段のトランスアクスルはシルミン合金製のケースを持ち、前述のようにシャシーに対して、初期の2カムシャフトモデルでは3点で、後期の2カムモデルおよび全4カムモデルでは2点で支持される。3点支持型ケースは当初、ケース左側のカバープレートに設けられたギアセレクターシャフト用のボスに、フィラープラグが付いていた。このフィラープラグは生産初期にプレートの後ろ寄りの底部、ドレンプラグの真上に移動となった。ギア式のオイルポンプ（メッシュフィルター付き）はケースに内蔵された。

トランスアクスルのギアボックス部分には、下側にプライマリーシャフト、上側にセカンダリーシャフトが収まる。エンジンの回転を伝えるプロペラシャフトは、このプライマリーシャフトのフランジに接続される。ケースの入口にはオイルシールがある。プライマリーシャフトは2分割式で、中央部のスプラインで互いに結合し、4速と5速のギア、そして1速、リバース、2／3速用のトランスファーギアを備える。セカンダリーシャフトには4速と5速用のトランスファーギア、そして3速、2速、1速、リバースの各ギアが付いた。前進用ギアをすべてポルシェ式シンクロメッシュリングを装着したヘリカルギアで、リバースギアはノンシンクロのスパーギアである。シャシーナンバー09947以降は、耐久性を向上させ、ギアチェンジをよりスムーズにするため、モリブデン被膜処理のシンクロメッシュリングを使用した。

セカンダリーシャフトの後端がアクスルドライブピニオンで、それがペグ式のリミテッドスリップ・ディファレンシャルのリングギアと噛み合う。ディファレンシャルの両側は、ユニバーサルジョイントとスライディングスプラインを介して、左右のハーフシャフトと結ばれる。1965年末、プロペラシャフトとクラッチの変更と同時に、リミテッドスリップ・ディファレンシャルはZF製の多板クラッチ式に代わり、それに伴ってハーフシャフ

ギア比

	標準		オプション
	ギアボックス	総減速比	ギアボックス
1速	3.075:1	10.931:1	2.468:1
2速	2.120:1	7.536:1	1.840:1
3速	1.572:1	5.588:1	1.454:1
4速	1.250:1	4.444:1	1.200:1
5速	1.104:1	3.925:1	1.104:1
リバース	2.670:1	9.492:1	2.670:1
ファイナルドライブ	3.555:1 (9:32)		

オプションのファイナルドライブ
4.571:1 (7:32), 4.375:1 (8:35), 4.250:1 (8:34), 4.125:1 (8:33), 4.000:1 (8:32), 3.889:1 (9:35), 3.778:1 (9:34), 3.667:1 (9:33), 3.444:1 (9:31), 3.300:1 (10:33), 3.182:1 (11:35).

通常仕様の後部ランプ。生産後期の車ではリフレクターの部分が長方形の車もある。また、アメリカ仕様はレンズがすべて赤となる。

275 GT Berlinetta

フロントの灯火類。ヘッドランプの下に丸いサイドランプ／ウィンカーが付き、フェンダー側面にオレンジ色で涙滴型のサイドウィンカーを備える。ショートノーズ（写真左）とロングノーズ（中央）とでは、ノーズの形状変更に伴い、後者の方がサイドランプ／ウィンカーが深く埋め込まれている。1台の275GTB/4（写真右、シャシーナンバー09551）では、ヘッドランプカバーなしで生産された。このカバーのない姿に対する意見は分かれるだろうが、少なくともカバーが曇る問題だけは起こらない。

トも改められた。

シフトレバーは、センタートンネルの左側に位置するシフトゲートに沿って動く。レバーを左に寄せて手前に引いた位置が1速で、その反対側がリバース。その右側に2〜5速がHパターンを形作る。車体下面では、ソリッドなリンケージロッドがレバーの基部からプロペラシャフトに沿って後方に伸び、左側のカバープレートで一段高くなったボスを通ってギアボックス内に達している。カバープレートの内側には、4速／5速、2速／3速、1速／リバース用の各シフトフォークロッドがこの順番で上から縦に並び、リンケージロッドの動きがレバーを介して伝わる。ギアボックスの前部カバープレートの右側上面にスピードメーターケーブルの取り出し口が位置する。

電装品／灯火類

電装系統は12Vで、容量60または74Ahのバッテリーを、ドライバー席とは反対側のフロントフェンダー後部に搭載する。ボッシュ製のオルタネーターをエンジン前部に備え、2カムシャフトモデルではウォーターポンプに付いたプーリーから、4カムモデルでは中央の専用プーリーからVベルトで駆動される。全車とも、スターターモーターはフライホイールベルハウジングの右下部分に装着され、ソレノイドはその真下に一体となっている。エアホーンはツインで、ステアリングホイール中央のホーンボタンで作動し、ショートノーズモデルではエンジンルーム内に、ロングノーズモデルではラジエター前方のノーズ部に位置する。

灯火類はすべてキャレロ製で、ショートノーズの2カムシャフトモデルから275GTB/4に至るまで変更はない。唯一、目立った仕様差は、右ハンドル車に装着された配光が左寄りのヘッドランプロービーム（品番07.410.000に代わって08.410.000）と、フランス向けの車のイエローバルブである。ヘッドランプはフロントフェンダーの窪みに収まり、その上をパースペックス製のカバーが覆い、周囲にはメッキのトリムリングがネジで留められた。このカバーは湿気の多い状況では曇りがちで、そうするとヘッドランプの性能が極端に落ちる。少なくともひとりのオーナー（現在でも所有し続けている）はそれを装着しない車を望んだ。ゆえに、シャシーナンバー09551の275GTB/4にはカバーがなく、取り付けネジの穴もない。ヘッドランプカバー前端の下の小さな窪みには、白いレンズの付いたサイドランプ／ウィンカーがある。この位置はショートノーズ車とロングノーズ車ではわずかに違う。フロントフェンダーの側面には、ヘッドランプの中心とほぼ同じ高さに涙滴型のサイドウィンカーが付く。リアには、ストップ／テールランプ／ウィンカーとリフレクターが一体となった丸型コンビネーションランプを、左右に1個ずつ備える。これは250GTルッソのものとほとんど同一だ。中央に丸い（後期の車の一部では長方形の）リフレクターがあり、その上半分をオレンジ色のレンズが、下半分を赤いレンズが囲む。ナンバープレートランプは小さな長方形のユニットが2個で、それがバンパー上面に付いたメッキの細いハウジングに収まる。その真下、バンパー下面には小さな長方形のバックアップランプが装着された。

サスペンション／ステアリング

275GTBはフェラーリのロードカーとして初めて4輪独立式サスペンションを採用した車である。基本的な構成は全生産期間を通じて変わりはない。ただし、1965年末にZF製ディファレンシャルの装着と、リアエンドの剛性向上のためのアッパーウィッシュボーンの強化が実施され、それに伴いいくつかの変更があった。サスペンションの開発作業は、その大部分がイギリス人エンジニアでレーシングドライバーのマイク・スパークスの手に委ねられた。彼は1960年代中頃にフェラーリで働き、レースにも出場した人物だ。275GTBのハンドリングが

主要電装品

	275GTB (2カム)	275GTB/4
バッテリー	12V, Marelli 6AC11, 60Ah またはSAFA 6SNS5, 74Ah	SAFA 6SNS5, 74Ah
オルタネーター	Marelli GCA-101/B	Marelli GCA-101/B
スターターモーター	Marelli MT21T-1.8/12D9	Marelli MT21T-1.8/12D9
点火装置	Marelli S85A ディストリビューター2個 Marelli BZR201A イグニッションコイル2個	Marelli S85A ディストリビューター2個 Marelli BZR201A イグニッションコイル2個
スパークプラグ	Marchal 34HF, Champion N4またはN6Y	Champion N6Y

当時多くの人々から称賛された大きな理由のひとつが、彼の意見とそれに基づいた細かいセッティングだったのは間違いない。操舵感はかなり軽いが、高速におけるハンドリングはきびきびとして、比較的ニュートラルである。ただし、硬いサスペンション設定のため、荒れた路面で低速で走るのはあまり快適ではない。

前後とも、不等長のダブルウィッシュボーン（スチールのプレス成型品）、コイルスプリングとダンパー、そしてスタビライザーを備える。円錐形のバンプラバーがシャシーに付く。

コイルスプリングとダンパーは、フロントではロワーウィッシュボーンとシャシーの間に取り付けられたが、リアではハーフシャフトが障害となるため、アッパーウィッシュボーンとシャシーの間を結んだ。

ステアリングナックルは鍛鋼を機械加工して造られたもので、ホイールハブ／ブレーキディスクアセンブリーの軸となるナックルスピンドルを備える。リアのアクスルキャリアは鋳造スチールの機械加工品で、ボールベアリングを介してハーフシャフトを保持し、そのハーフシャフトの先端にリアのホイールハブ／ブレーキディスクアセンブリーを装着する。前後とも、ハブとブレーキディスクは8本ボルトのフランジで結合された。

ステアリングはノンアシストのウォーム・ローラー式で、ステアリングギアボックスはシャシーのフロントクロスメンバーに位置し、ユニバーサルジョイントを介してステアリングシャフトと連結している。ギアボックスは上面に遊び調整用のネジとロックナットを備える。トーの調整はタイロッドで行う。ステアリングボールジョイントは遊び調整が不可能なタイプで、グリスアップを必要としない。ステアリングのロックトゥロックは3.25回転で、回転直径はファクトリーのデータでは14.07mである。全モデルとも左ハンドル仕様と右ハンドル仕様が選べた。ただし275GTS/4 NARTスパイダーは左ハンドルのみである。

ブレーキ

祖先にあたる250GTシリーズと同様、ブレーキは4輪ともダンロップ製ディスクブレーキで、前後で独立した油圧回路とマスターシリンダーを備える。インテークマニフォールドからバキューム（負圧）の供給を受ける

バキュームサーボは当初ダンロップC48だったが、その後ガーリング製に代わり、1966年12月以降はボナルディ製となった。ハンドブレーキはフロアに設置のレバーからケーブルを介して、左右の後輪に備わった専用のパッド（摩耗による遊びは自動調整式）を作動させるが、能力は不充分である。ケーブルの長さは、左右2本のケーブルがレバーのアームと連結する部分において、ナットで調整する。ペダルボックスの構成とペダルレバーの形状は、1965年末に変更があったが、ペダルの高さ調整機構は継続して使われた（トランスミッションの項目を参照）。

ダンロップ製ブレーキディスクは、フロントが直径279.4mm／厚み12.7mm、リアが直径274.6mm／厚み12.7mmで、鋳鉄製のソリッドディスクである（キャリパーも同様に鋳鉄製）。この寸法は現在では、1トンを超える車重で240km/h以上で走る車はもちろん、ありふれたスポーツカーでさえ最低限満たしているが、当時はこれがほとんど最高に近い選択だった。通常の使用条件での推奨ブレーキパッドは、リアがフロントがミンテックスVBO-5201/N2（M33）、リアがVBO-5138/N2（M33）であった。

このブレーキは通常の使用状況であれば、バキュームサーボが働いているかぎり、ほぼ満足できる制動力を示す。しかし高いスピードからブレーキをかけると、途中でバキュームを使い切ってしまう場合がある。すると途端にブレーキがきかなくなり、たとえ車速が落ちていても、車を止めるのに超人的な踏力が必要となる。高速からのブレーキング時の問題は、鋳鉄製キャリパーが高負荷による熱で膨張する傾向を持つため、さらに悪化し、結果的にブレーキ性能が落ち、ペダルのフィールも頼りなくなる。この問題はキャブレターを6基装着したモデルでは、より顕著である。なぜなら、動力性能が高いうえに、バキュームの取り出し口が1個のキャブレターにしか付いていないからだ。インテークマニフォールドは各気筒がまったく独立しており、バキュームによるアシスト、つまり制動能力が著しく低下する。マニフォールド間をパイプで連結したり、バキュームのリザーバータンクをフェンダーにうまく隠して追加するなど、この問題に対して善後策を講じた車もある。

ホイール／タイア

275GTBに最初に装着されたのは、6.5×14インチの軽合金ホイールで、これはショートノーズモデルにしか見られない。このカンパニョーロ製のホイールは"スターバースト"パターンと呼ばれることがある。275GTBシリーズの軽合金ホイールは、すべて真っ直ぐな耳が3本付いたメッキ仕上げのノックオフ式ハブナットで固定された。

2種類めの軽合金ホイールは、リム幅が7インチに広がり、前に比べるとはるかにシンプルになった。ハブ周

サスペンションセッティング

	275GTB（2カム）	275GTB/4
前輪トーイン	−3〜−5mm	−5mm（最大）
前輪キャンバー	+0°	+0°20'
後輪トーイン	−4〜−6mm	−6mm（最大）
後輪キャンバー	−0°50'	−1°35'
キャスター角	2°30'	2°30'
前輪ダンパー	Koni 82N-1349	Koni 82N-1349
後輪ダンパー	Koni 82N-1350	Koni 82N-1350

ファクトリーの発行物

1964年
- 275GTB/Sのオーナーズハンドブック。伊／仏／英語表記で、黒／白の表紙。ファクトリーにて1度黒／白の表紙にて再版。その後2度にわたって緑色の表紙で再版された。ファクトリーの参照番号はいずれも[01/65]。現在まで続くナンバリング体系が最初に使われた発行物である。

1965年
- セールスフォルダー（黄色の表紙、伊／仏／英語表記で、タイアサイズを205-14と記載）。第2版ではタイアサイズが195/205-14。第3版ではタイアサイズ195/205-14と、ラジエターに自動温度調整式電動ファンが追加された旨を記載。
- 275GTB/Sのメカニカル・スペアパーツカタログ。[03/65]

1966年
- 1966年モデル全車を収録したカタログ。うち2ページに、275GTBの写真と伊／仏／英語表記の各種諸元を掲載。[07/66]
- 275GTB/Sのメカニカル・スペアパーツカタログ。パーツカタログはファクトリーによって少なくとも4度再版され、その都度表紙の色が変わった。最初は灰／黄／青色。参照番号[10/63]。この63という数字は誤記で、本来は65か66のはずである。最後の2回の再版では参照番号が記されなかった。

1967年
- 1967年モデル全車を収録したカタログ。うち2ページに、275GTB/4の写真と伊／仏／英語表記の各種諸元を掲載。[11/66]
- 275GTB/4のセールスカタログ。[13/66]このカタログは1967年に再版された（[13/67]）。
- 275GTB/4のメカニカル・スペアパーツカタログ。3つの異なる色の表紙で作られた。[17/67]

275 GT Berlinetta

囲にいくつもの小さな四角い穴が並ぶそのデザインは、当時のコンペティション・フェラーリに使われていたホイールを模したものだ。このシンプルなパターンのホイールはロングノーズモデルと275GTB/4に装着された。最初のホイールも2番めのホイールも、光沢のあるシルバー塗装のうえにクリアを吹いた仕上げである。標準装備のタイヤについては別掲の表に示す。

オプションのボラーニ製ワイヤホイールは72本のメッキスポークとポリッシュアルミのリムを組み合わせたもので、標準サイズは6.5×14インチである。そのほかにも競技用としていくつかオプションが用意された（詳細は別表を参照）。ボラーニ用のハブスピンナーは、軽合金ホイールの真っ直ぐな耳に対して、通常は角度の付いた3本耳を備える。ワイヤホイールはむろんブレーキの冷却という点では有利だが、スポークの張りとリムのアライメントを定期的にチェックする必要がある。

スペアホイールは、ショートノーズモデルではトランクの床面に水平に置かれた。トランク床面の下に収まる1個のタンクから、左右のフェンダーに振り分けのツインタンクに代わったロングノーズモデルでは、スペアホイールは床面の窪みにフラットに収まり、その上にパネルが載る。

生産データ

275GTB
1964〜1966年、シャシーナンバー：06021〜08979
生産台数：454台（"スペチアーレ"モデル、シリーズIコンペティション仕様車を含む）

275GTB/4
1966〜1968年、シャシーナンバー：08769〜11069
生産台数：330台

275 GTS/4 NART スパイダー
1967, 1968年
シャシーナンバー：09437, 09751, 10139, 10219, 10249, 10453, 10691, 10709, 10749, 11057.
生産台数：10台

ホイール／タイヤ

2カムシャフトモデル
ホイール前後　6.50×14軽合金鋳造ホイール（最初のパターン）
　　　　　　　7.00×14軽合金鋳造ホイール（2番目のパターン）
　　オプション：Borrani ワイアホイール（軽合金リム）
　　　　　　　6½×14 RW3874型, 7×14 RW4039型
タイヤ前後　　Pirelli HS 210-14またはDunlop SP 205HR-14

注記：前後とも7×14, 7x15ホイールがホモロゲートされ、主にコンペティション向けに7½×15も用意された。

4カムシャフトモデル
ホイール前後　7.00×14軽合金鋳造ホイール
　　オプション：Borrani ワイアホイール
タイヤ前後　　Michelin 205-14および205VR-14 X

標準で用意された2種類の軽合金ホイール。ショートノーズモデルに装着の"スターバースト"型ホイール（写真左）と、すっきりとしたデザインで穴が10個のロングノーズモデル用ホイール。

インナーフェンダーパネルに取り付けられた識別プレート（写真左）は、モデル型式、エンジン型式、シャシーナンバーを示す。モデル型式とシャシーナンバーはフロントクロスメンバーにも打刻がある。

エンジンナンバーは、ブロックの後部右下、ベルハウジングの付近に打刻されている。

識別プレート

1. モデル型式、エンジン型式、シャシーナンバーを打刻した識別プレートを、エンジンルームのフロントパネルに装着。
2. シャシーナンバーをフロントサスペンション取り付けポイント付近のフレームに打刻。
3. エンジンナンバーをベルハウジング付近、右後部のブロックに打刻。

Chapter 4
275 GT Spider

　275GTスパイダーは、275GTベルリネッタとともに1964年のパリサロンで発表されたが、そのボディスタイルはクローズドボディ版とはまったく異なり、何ら共通点を持たない。このスパイダーは引き締まり、控えめで、ほとんど繊細とさえいえるボディラインに、洗練された優雅な雰囲気を身につけた車である。豊かな曲線で力強さを表現したベルリネッタとはきわめて対照的だ。このモデルは、それぞれ1962年と63年に生産中止となったフェラーリ250GTカブリオレと250GTカリフォルニア・スパイダーの後継として生まれた。

　275GTBが標準でアルミ鋳造ホイールを装着するのに対し、275GTSにはボラーニ製ワイアホイールしか用意されていない。たぶんフェラーリとピニンファリーナ（あるいはそのどちらか）がワイアホイールの方が似合うと判断したのだろう。ピニンファリーナの最初の広報写真に写った車（ほぼ間違いなくプロトタイプのシャシーナンバー06001）は、助手席が"ツイン"シート（ふたりが座れそうな幅を持ち、つまり横3人掛けが可能！）

高い位置から見下ろすと、こぢんまりとして、見事に均整がとれたボディラインの素晴らしさがよくわかる。ボンネットの中央に盛り上がった1本のプレスラインもはっきりと見える。

275 GT Spider

全幅にわたって伸びたフロントバンパー（メッキのオーバーライダーを装着）と、左右に分かれたリアバンパー（ラバーパッドの付いたオーバーライダーを装着）が、275GTSのボディの特徴である。フロントフェンダーのルーバーを3本備えた後期モデル（アメリカ仕様のシャシーナンバー07989）。赤のピンストライプはノンオリジナルだが、場違いには見えない。

寸法／重量

全長	4350mm
全幅	1675mm
全高	1250mm
ホイールベース	2400mm
トレッド前	1377mm
トレッド後	1393mm
乾燥重量	1150kg

となっているが、この仕様で生産された車はごく少数、おそらく最高でも6台だと推定される。ヨーロッパ諸国の多くで、安全上の理由から認証が下りなかったからだ。

ベルリネッタモデルと同様、275GTSもボディデザインはピニンファリーナによるものだ。しかし、モデナのスカリエッティの工場で造られたGTBと異なり、ボディの製作はピニンファリーナの工場で行われ、それからマラネロのフェラーリに運ばれてメカニカルコンポーネンツを装備した。

そのメカニカルな部分に関してだが、275GTSは275GTBとほぼ同一のパッケージを搭載する。ただしファクトリーの発行した資料によれば、GTSの最高出力は260bhp／7000rpmで、GTBの280bhp／7600prmとは異なる。生産は1966年初めまで続き、フロントウィンドーから後ろのボディはほとんど変わりのない330GTSがその後を継いだ。

上から見下ろすと、内装の主な特徴がすべて目に入る。センタートンネルの脇、ドライバー側のフロアから突き出したハンドブレーキの位置に注目。

ボディ／内装カラー

ボディ、本革、カーペットのカラーについては、275GTBの章の表を参照。

ボディ／シャシー

　275GTSのシャシーはティーポ563で、これは"ショートノーズ"と初期の"ロングノーズ"275GTBと同じだ。しかし275GTBがエンジンとトランスアクスルが強固なトルクチューブで連結された（ZF製リミテッドスリップ・ディファレンシャルも装備）改良型のシャシーに移行したのに対し、275GTSおよび後継の330GTSはその適用を受けなかった。

　ピニンファリーナでデザイン、製作されたボディには、見てのとおり275GTBと共用のパネルはない。ただし材質は同じで、ドアとボンネット、トランクリッドがスチール枠とアルミパネルの組み合わせである。総アルミ製ボディを持つ275GTSの生産車は確認されていない。フロントに左右が分かれたバンパー、リアに幅いっぱいに広がり側部に回り込んだバンパーが備わる275GTBとは反対に、275GTSはフロントに全幅型のバンパーを、リアに左右2分割式のバンパーを装着した。コンバーチブルトップは厚手のキャンバスで、後部には透明なパースペックス製の四角い窓が付き、折り畳み式のフレームはスチール製である。トップは、閉じた状態では、2個の留め具で固定。開いた状態では、リアシートの後ろの窪みに折り畳んで収納し、その上にビニール製カバーをかけ、メッキのホックで留める。当時のピニンファリーナの広報写真には、このモデルに用意された2種類のハードトップが写っているが、このオプションを装着した車はほとんどないと推測される。

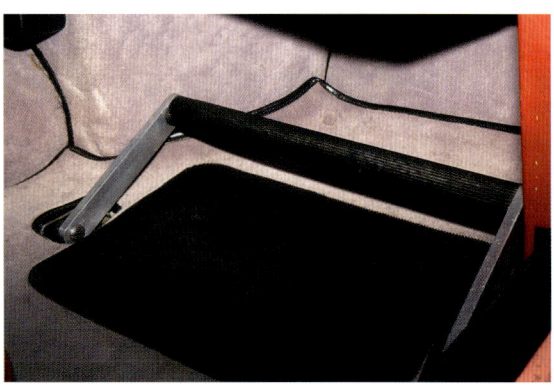

写真左：パワーウィンドーを装着した車では、レギュレーターハンドルがなく、その穴が塞がれている。
写真右：助手席の足元には、折り畳み式でバー型のフットレストが備わる。材質はアルミで、筋の入ったラバーで表面が覆われている。

275 GT Spider

ダッシュボードまわりの計器類とスイッチ。生産後期の車では、スイッチの位置が異なる。

車載工具
シザーズ型ジャッキ（ラチェットハンドル付き）
リア・エキストラクター・ボルト
フロントハブ・エキストラクター
リアハブ・エキストラクター
オルタネーター用ベルト（60475）
プラスドライバー（直径〜4mm用）
プラスドライバー（5〜6mm用）
プラスドライバー（7〜9mm用）
マイナスドライバー（長さ125mm）
マイナスドライバー（長さ150mm）
グリスガン
ホーンコンプレッサー用オイル（フィアム製）
ウェーバーキャブレター用スパナ（510/a）
スパークプラグレンチ
ハンマー（500g）
鉛製ハンマー（1kg）
汎用プライヤー
両口スパナセット（8〜22mm、7本組）

275GTSの生産期間中に、ボディ細部に関する変更がひとつだけ行われた。それはフロントフェンダー側面のルーバーが11本から3本になった点である（330GTSにも受け継がれた）。また、最後に生産ラインを離れた何台かの275GTSは330GTSのノーズを装着していた可能性がある。330GTSのクーペ版、330GTCのシャシーナンバー06431GTは、間違いなく275GTSのシャシーをベースに造られたもので、その4ℓエンジンはその時期の275と同様に4個のエンジンマウントを備えていた。

外装／ボディトリム

275GTSのフロントは、アルミの縁取りが付き、奥行きが浅く、角が丸いラジエターグリルを特徴とする。アルミの薄板を組んだ格子の中央には、カヴァリーノ・ランパンテの飾りが付く。スチール製メッキ仕上げの一体型バンパーが、下側ノーズパネルを通って突き出たパイプ状のサポートを介してシャシーに取り付けられ、メッキのオーバーライダーも付属する。リアはフェンダー側面に回り込んだ左右2分割式のバンパーと、その内側の端にラバーパッドの付いたオーバーライダーが備わる。ノーズパネルの上面には、ラジエターグリルとボンネット前端の間に縦長のエナメル製フェラーリ・エンブレムが飾られ、トランクリッドの後端付近にはフェラーリの文字のメッキバッジと、その下に"275"というバッジが付く。フロントフェンダーの下側に、横に細長い矩形のものと、その上に紋章をかたどったエナメル製のバッジと、ふたつのピニンファリーナのバッジを装着する。

ボンネットは真ん中に1本の隆起したプレスラインを持つが、それ以外の飾りはない。ボディ側面には、フロントフェンダーからドアを経てリアフェンダーまでプレスラインが入っている。その下のフロントフェンダーにはルーバーが設けられた。このルーバーは初期の車では11本で（250GT 2+2や330GT 2+2、500スーパーファストと同様）、ボディと同色に塗られた。これは1965年初めに3本型に代わり、後端を除く周囲にポリッシュアルミの細い縁取りが付いた。ドアの真下、前後のホイールアーチ間のサイドシルには、断面が三角形のアルミ製サイドモールが取り付けられた。そのほかの光り物は以下のメッキパーツである。フロントウィンドー周囲のトリム、ドアのガラスフレーム、ワイパーアームとブレードの枠、トランクリッドのプッシュボタン型ロック、ドアハンドル、ドアの丸いキーロック。

ガラス類はすべて無色で、フロントウィンドーには合わせガラスを用いた。ワイパーは作動スピードが2段階切り替え式で、アームは左ハンドル車では右側に、右ハンドル車では左側に停止する。ドアウィンドーは開閉式の三角窓を備え、前側の下隅にメッキ仕上げの固定キャッチが付く。生産期間の途中でパワーウィンドーが用意され、それを装着した車では、センタートンネルの小物入れトレイの前端、シガーライターの脇にスイッチが並んだ。

塗装

275GTBの章で述べたように、当時のフェラーリはきわめて幅広い種類のボディ塗色を用意しており、同じ説明が275GTSにもあてはまる。275GTSはボディ製作もピニンファリーナで行われたため、原則としてPPGあるいはデューコ社の塗料を使用しているはずだ。しかし、ピニンファリーナ製のボディにグリッデン＆サルキ社のペイントが塗られていたとしても、それをノンオリジナルだと決めつけることはできない。275GTBの章、30ページの表に塗色リストを示した。

内装／室内トリム

標準のシート張り地はすべて本革である。このシートはベルリネッタモデルに比べると居住性を重視した形状で、サイドサポートの張り出しが短く、クッションは厚い。275GTBと同様、本革はイギリスのコノリー社から供給を受けた。カラーバリエーションについては33ページの一覧表に示した。シートはクッションの前端下に前後の位置調整レバーを持つ。バックレストの外側の基部にはレバーがあって、角度調整が可能だ。パワーウィンドー装着車の場合、レギュレーターハンドルが外され、丸いプラグで塞がれるか、応急用のハンドルを差し込む

穴が中央にあいた四角いメッキプレートが付いた。ドアトリムは、最下部に細いポリッシュアルミのモールが2本入るのが特徴だ。サイドシルのドアと接する面はアルミプレート張りである。

通常、フロア、バルクヘッドの中央部分、センタートンネルはカーペット張りで、運転席と助手席の足元部分は、その部分が筋の入った黒いラバーマットがカーペットと一体になっている。助手席側の足元には、垂直な面にもマットがあり、さらに横に伸びたバー型のフットレストを備えた。フロア、センタートンネル、そしてリアシェルフの内装は、表面に細かい丸い突起が付いた黒いビニールがオプションとして用意された。カーペットのカラーバリエーションについては275GTBの章、32ページの表に示した。ドアトリムパネルと前後ホイールアーチの室内側は黒いビニール張りである。

サンバイザーはビニール張りで、助手席側のバイザーにはバニティーミラーが付属する。左右のサンバイザーに挟まれる形で位置するのが防眩型のルームミラーである。フロントウィンドーフレーム上端の両側にはソフトトップの留め金が付く。

黒いプラスチック製ノブが付いたメッキ仕上げのシフトレバーは、メッキのゲートが露出している。ゲートの位置は、左ハンドル／右ハンドルを問わず全モデルともセンタートンネルの左側だ。その右側には、スライド式のメッキの蓋が付いた灰皿がある。灰皿の後方は、小物入れトレイで、このトレイの前端にシガーライターが位置する。ハンドブレーキはセンタートンネルのドライバー側のフロアから突き出て、その根元にはビニール製のブーツが付いた。ルームランプはダッシュボード中央の下側に装着された。パワーウィンドー装着車の場合、そのスイッチはシガーライターの隣に並ぶ。

ダッシュボード／計器類

一見すると、スパイダーとベルリネッタモデルのダッシュボードはとてもよく似ており、計器類の基本的なレイアウトは共通だ。しかし実際には多くの違いがある。"ショートノーズ"のベルリネッタモデルと比べると、275GTSのダッシュボードは、メーターナセルが独立しており、それがダッシュボード上部に深く食い込み、手前に突き出た部分が短い。ナセルとダッシュボードの化粧パネルは初期の車ではチークのベニヤ張りだったが、後期の車では黒いビニール張りとなった。ダッシュボードの上面には、フロントウィンドーに沿った部分に細いデフロスター吹き出し口をふたつ備え、その周囲に黒いプラスチックのトリムが付いた。

ステアリングホイールとホーンボタンはベルリネッタモデルと同一のものを使用。ステアリングコラム左側から突き出た2本の細いレバーは、短い方がウィンカー用、長い方がサイドランプとヘッドランプのハイ／ロービーム切り替え用スイッチである。ヘッドランプのメインスイッチはダッシュボードに付く。後期モデルではコラム右側にワイパーおよびウォッシャー用レバーが追加された。ステアリングコラムの右下にキー式のイグニッション／スタータースイッチ（ステアリングロック内蔵）が備わる。初期モデルでは、ドライバーの足元、ボンネットリリースレバーの近くに、フロア設置型のウィンドウォッシャースイッチが位置する。

計器類（黒い文字盤に白い表示）とインジケーター／警告灯の配置はベルリネッタと同一だが、スイッチの配列は異なる。初期の車では、ダッシュボードの下端、ステアリングコラムとドアピラーの間に小さなパネルを設け、そこに計器照明、ヘッドランプ、2段階スピード式ワイパー、そしてベンチレーションファンのスイッチを取り付けた。ステアリングコラムを挟んで反対側には、電磁式フューエルポンプのスイッチが付いた。後期の車では、ダッシュボードの中央にベルリネッタと同様な配列のロッカー型スイッチを置いた。メーターナセルとドアピラーの間のダッシュボード化粧パネルには、垂直スライド式のレバーが2本並ぶ。外側のレバーは、ドライバー側の外気導入を調節し、近い方のレバーは中央にあるベンチレーション／デフロスターの切り替えフラップを制御する。同様なレバーはナセルの車体中央側にもあり、これがヒーターの調節を行う。もう1本、パネルの助手席側の端にあるのが、外気導入を調節する。後期の生産車では、中央の計器台座の下に水平にスライドするヒーターコントロールレバーを設け、ダッシュボード下端のパッド部分を一部切り欠いてロッカースイッチを装

エンジン	
形式	60° V12
型式	213
排気量	3286cc
ボア・ストローク	77×58.8mm
圧縮比	9.2:1
最高出力	260bhp／7000rpm
最大トルク	30mkg／5000rpm
キャブレター	ウェバー40DCZ/6または40DFI/1　3基

タイミングデータ	
インテークバルブ開	18° BTDC
インテークバルブ閉	56° ABDC
エグゾーストバルブ開	56° BBDC
エグゾーストバルブ閉	18° ATDC
点火順序	1-7-5-11-3-9-6-12-2-6-4-10

上記バルブタイミングの値は、バルブクリアランスがバルブリフターとロッカーアーム間で0.5mmの状態で測定する。エンジン冷間時の規定バルブクリアランスは、インテーク側が0.2mm、エグゾースト側が0.25mm。バルブリフターとロッカーアームの間で測定する。

各種容量（ℓ）	
フューエルタンク	86
冷却水	12.0
ウィンドーウォッシャータンク	0.5
エンジンオイル	10.0
ギアボックス／ディファレンシャルオイル	4.4

ファクトリーの発行物

1964年
● 275GTB／Sのオーナーズハンドブック。伊／仏／英語表記で、黒／白の表紙。ファクトリーにて1度黒／白の表紙にて再版。その後2度にわたって緑色の表紙で再版された。ファクトリーの参照番号はいずれも[01/65]。現在まで続くナンバリング体系が最初に使われた発行物である。

1965年
● セールスフォルダー（青色の表紙、伊／仏／英語表記で、タイアサイズを205x14と記載）。第2版ではタイアサイズが195/205-14。第3版ではタイアサイズ195/205-14と、ラジエターに自動温度調整式電動ファンが追加された旨を記載。
● 275GTB／Sのメカニカル・スペアパーツカタログ。[03/65]

1966年
● 1966年モデル全車を収録したカタログ。うち2ページに、275GTSの写真と伊／仏／英語表記の各種諸元を掲載。[07/66]
● 275GTB／Sのメカニカル・スペアパーツカタログ。参照番号[10/63]。この63という数字は明らかに誤記で、本来は65か66のはずだ。パーツカタログはファクトリーによって少なくとも4度再版され、その都度表紙の色が変わった。最初は灰／黄／青色。最後の2回の再版では参照番号が記されなかった。

275 GT Spider

3連キャブレターの上にパンケーキ型エアクリーナーボックスを装着した275GTSのエンジンルーム。このエアクリーナーを持つGTSは多い。ラジエターのすぐ正面には2連のエアホーンが備わる。バッテリーの前方に見える黒いパネルには、ヒューズとリレーが収まる。

シフトゲートの隣に位置する灰皿には、蓋にフェラーリとピニンファリーナの旗が交差したバッジが付く。シガーライターの後ろは小物入れトレイである。右ハンドル仕様車でも、このシフトレバー位置に変更はない。

着した。助手席の正面にはラジオ設置スペースを塞ぐプレートが取り付けられ、そこに横に細長いピニンファリーナのバッジが付いた。そしてその下方、パッド部分の下に施錠可能なグローブボックスを備える。

トランク

トランクを開くプッシュボタン（施錠可能）はトランクリッド後端の真下、テールパネルの中央に位置する。このプッシュボタンの位置と、トランクの形状、そしてフューエルタンク容量（86ℓ）が、275GTSと275GTBショートノーズモデル間でトランクに関して異なる点である。したがって、それ以外の仕様については275GTBの章を参照されたい。

エンジン

275GTSの2カムシャフトエンジン（ファクトリーの型式ナンバー213）は、各コンポーネンツの位置なども含め、同じ時期に生産されたベルリネッタに搭載のユニットと同一である。しかしファクトリーの発表による最高出力は280bhp/7600rpmではなく、260bhp/7000rpmとなっている。最大トルクは30mkgと一致するが、その値をGTBより500rpm低い5000rpmで発生する。

ベルリネッタモデルでは6連キャブレター仕様もオーダーできたが、スパイダーには用意されなかった。ただし、のちにその仕様に変更した車はある。ファクトリーの発行した資料によれば、エアクリーナーはベルリネッタとスパイダーで共通だ。しかし多くのスパイダーが、独立した3個の丸いエレメントを収めた細長いパンケーキ型のボックスを装着している。その場合、標準のスチールプレス成型のインテークダクトはなく、ボックスのまわりは垂直にスロットが付いたメッキグリルが囲む。このアセンブリーを備えたベルリネッタも何台か存在するから、おそらく特定の一時期のみ、これが使われたのだろう。スパイダーとベルリネッタは同じエグゾーストシステムを装着するが、テールパイプのブラケット位置がGTSの方がパイプ後端に近い。したがってエグゾーストシステムの部品番号は異なる。

トランスミッション

275GTSは基本的に275GTBと同じトランスミッションを備える。ただし、標準のファイナルドライブ・レシオのみ、GTBの3.555：1（10：33）に対し、3.300：1（9：32）と異なる。275GTSはエンジンマウントが4個で、トランスアクスルマウントが3個である。プロペラシャフトの両端にユニバーサルジョイントを追加する改良はスパイダーにも実施された。しかし、トルクチューブによる連結と、ZF製ディファレンシャルの採用はなかった。

ギア比		
	ギアボックス	総減速比
1速	3.075:1	10.147:1
2速	2.120:1	6.996:1
3速	1.572:1	5.187:1
4速	1.250:1	4.125:1
5速	1.104:1	3.643:1
リバース	2.670:1	8.811:1
ファイナルドライブ	3.300:1 (10:33)	

主要電装品	
バッテリー	12V, Marelli 6AC11, 60Ah
オルタネーター	Marelli GCA-101/B
スターターモーター	Marelli MT21T-1.8/12D9
点火装置	Marelli S85A ディストリビューター2個
	Marelli BZR201A イグニッションコイル2個
スパークプラグ	Marchal 34HF

電装品／灯火類

　電装系統の主なコンポーネンツとその配置は、基本的に2カムシャフトのベルリネッタと同じである。主な電装品の仕様は275GTBの章の一覧表を参照。バッテリーはエンジンルームの後ろの隅、ドライバーとは反対側に位置する。ヒューズおよびリレーパネルがそのすぐ前方のインナーフェンダーパネルに設置された。

　ベルリネッタと同様、灯火類はすべてキャレロ製。ヘッドランプはフロントフェンダー前端の浅い窪みに収まり、カバーは付かない。その下には、ノーズパネル両端のカーブに沿ってサイドランプ／ウィンカーが埋め込まれ、仕向け地に応じて白色、または白／オレンジ色のレンズが付いた。フロントフェンダー側面には、ヘッドランプのほぼ中心の高さで、リムとボディのウェストラインの間に、涙滴型でオレンジ色のサイドウィンカーが備わる。リアも、ストップ／テールランプ／ウィンカーのアセンブリーがテールパネル両端に埋め込まれた。通常はフェンダー側面に向かってカーブしたオレンジ色の部分がウィンカーだが、アメリカ仕様では全体が赤いレンズを用いた。その車体中央寄りには、少し窪んだメッキの枠内に丸いリフレクターが収まる。縦長で四角いメッキ仕上げのナンバープレートランプが、ナンバープレートホルダーの両脇に並ぶ。バックアップランプ装着車の場合、それは左側のバンパーの下、オーバーライダーの隣に位置し、シフトレバー基部のスイッチと連動して点灯する。

サスペンション／ステアリング

　275GTSサスペンションとステアリングは、"ショー

サスペンションセッティング	
前輪トーイン	-3 ～ -5mm
前輪キャンバー	+0° ～ 0°20'
後輪トーイン	-4 ～ -6mm
後輪キャンバー	-0°30' ～ -1°10'
キャスター角	2°30'
前輪ダンパー	Koni 82 N-1349
後輪ダンパー	Koni 82 N-1350

トノーズ"のベルリネッタとほぼ同一の構成をしている。異なるのは、オープンモデルという性格上、快適性重視のためサスペンションスプリングを多少柔らかくしてい

る点だ。ベルリネッタと同様、左ハンドルおよび右ハンドル仕様が選べた。

ブレーキ

　使用コンポーネンツと、その寸法などは、ペダルボックスが若干異なる程度で、あとはすべて"ショートノーズ"のベルリネッタと共通である。

ホイール／タイア

　275GTSは、72本のメッキスポークと6.5×14インチのポリッシュアルミリムを組み合わせたボラーニ製のワイアホイールを標準装備とする。このワイアホイールに使われるセンターロックナットは、通常、3本の耳に角度が付いたものだ。ベルリネッタが履く軽合金ホイールでは、3本の耳が真っ直ぐのタイプを用いる。スペアホイールは、トランクルームの床面、キャビン寄りに置かれる。ベルリネッタ用の軽合金ホイールは、スパイダーにはオプション設定されなかったが、ハブ形状は同一で、装着は可能であった。少なくとも1台（シャシーナンバー07681）は、1966年にファクトリーに戻されて様々な改装を受けた際に、軽合金ホイールを装着したが、現在は通常のボラーニ・ホイールに戻っている。

ホイール／タイア	
ホイール前後	6.50×14 Borrani ワイアホイール（軽合金リム）RW3874型
タイア前後	Pirelli HS 210-14またはDunlop SP 205HR-14

識別プレート
1. モデル型式、エンジン型式、シャシーナンバーを打刻した識別プレートを、エンジンルームのフロントパネルに装着。
2. シャシーナンバーをフロントサスペンション取り付けポイント付近のフレームに打刻。
3. エンジンナンバーをベルハウジング付近、右後部のブロックに打刻。

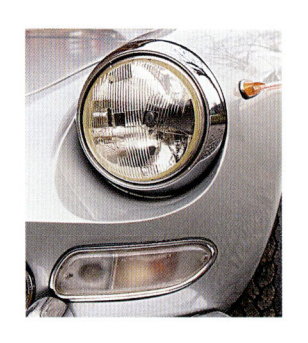

フロントのサイドランプ／ウィンカーのレンズは仕向け地によって異なる（白またはオレンジ色）。この後部ランプはアメリカ仕様で、レンズ全体が赤い。その隣には丸い窪みにリフレクターが収まる。

生産データ
1964年～1966年
シャシーナンバー：06315～08653
生産台数：200台

GTSのボラーニ製ワイアホイールのセンターナットは3本の耳が曲がっている。このように、中央にボラーニのマークではなく、カヴァリーノ・ランパンテが刻まれたものもある。

インナーフェンダーパネルにリベット留めされた識別プレートには、モデル型式、エンジン型式、シャシーナンバーの打刻がある。

Chapter 5
330 GT 2+2

右ハンドル仕様の330GT 2+2。ツインヘッドランプ、フロントフェンダーに付いた11本のルーバー、ボラーニ製ワイアホイール、そしてオーバーライダーを持たないバンパーがシリーズIモデルの特徴である。

寸法／重量	
全長	4840mm
全幅	1715mm
全高	1360mm
ホイールベース	2650mm
トレッド前	1397mm
トレッド後	1389mm
乾燥重量	1380kg

　4ℓの排気量を持つフェラーリは、330アメリカの名で、すでに1963年に250GT 2+2のボディシェルを使って造られていたが、本格的な車330GT 2+2の登場がアナウンスされたのは1964年1月、フェラーリのプレス向け発表会であった。そのニューモデルは同月末のブリュッセルショーで公衆の面前に姿を現した。比較的おとなしく、なだらかなボディラインを持つこの車で、最も特徴的なのはツインヘッドランプである。これを採用し

たのは、当時フェラーリで働いていたイギリス人エンジニア兼レーシングドライバーのマイク・パークスの影響だとされる。このモデルは、細いピラーでガラスエリアをたっぷりと取った軽快なキャビンに、まずまずの広さの2+2の座席を備える。当初はオーバードライブ付きの4段ギアボックスを装備したが、1965年にそれは5段ギアボックスに代わった。ツインヘッドランプのモデルは、同時期のほかのフェラーリと同様、ボラーニ製ワイアホイールとノックオフ式センターナットを装着する。

1965年の半ば、フロントのデザインは見直しを受け、シングルヘッドランプを備えた。この変更によってすっきりとした外観になったものの、個性は失われた。そのスタイルは275GTSとよく似ている。同時にワイアホイールが軽合金鋳造ホイールに代わり、外観がいっそう現代的となったが、ノックオフ式の固定方法は残った。また、フロントフェンダーのルーバーが11本から3本になった。この処理は275GTSで同年ひと足先に行われていた。機構的な面では、オーバードライブ付きの4段ギアボックスが5段のユニットに代わった。この改訂モデルを区別する必要から、ツインヘッドランプを備えた車はシリーズⅠ、シングルヘッドランプの車はシリーズⅡと呼ばれている。生産は1967年に入るまで続き、生産末期の車の一部は、4.4ℓエンジンやオートマチックギアボックスを装備した（その時点ではまだ未発表の365GT 2+2のプロトタイプとして）。むろん、そうした変更は公表されず、何台がその扱いを受けたかは不明だ。

ボディ／シャシー

330GT 2+2のシャシー（ティーポ571、ホイールベース2650mm）は、同時期のフェラーリに共通する手法で製作されている。縦方向に配された2本のスチール製楕円チューブが、エンジンの両脇を通って、キャビンの下をくぐり、リアアクスルの上で弧を描き、リーフスプリングの後端を支持するブラケットが備わる。リーフスプリング前端のブラケットは、キャビンを保持するリアクロスメンバーに位置する。2本のメインチューブの前端は奥行きの浅いコの字断面のクロスメンバーで接合される。そのメンバーに細いチューブを溶接して小さなフレームを形成し、フロントボディとバンパーを保持する。もうひとつ細いチューブで垂直に組まれたフレームが、

シリーズⅡの330GT 2+2は、シングルヘッドランプ、フロントフェンダーの3本のルーバー、軽合金の鋳造ホイール、オーバーライダーの付いたバンパーが特徴だ。大柄なボディにはメタリックカラーが似合う。

330 GT 2+2

こちらもシリーズIIの1台。オプションのボラーニ製ホイールを履いた数少ない車だ。

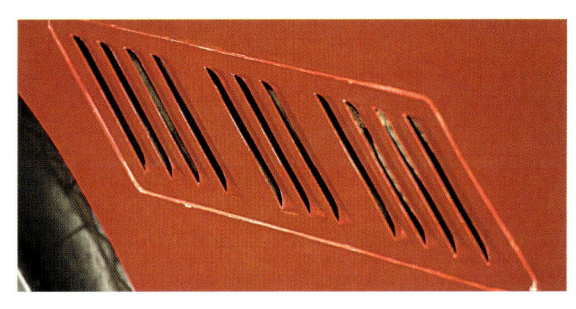

フロントフェンダーに設けられたエンジンルームの熱を逃がすためのルーバーは、シリーズIでは11本、シリーズIIでは3本である。

このドアハンドルのデザインは330GT 2+2のシリーズIとIIで共通。500スーパーファストとも同じである。

メインフレームの前から3分の1ほどの位置で左右に張り出し、そこにパネルを溶接してバルクヘッドとし、ステアリングコラムやペダルボックス、ダッシュボードを装着。そのフレームからフロントクロスメンバーまで斜めに伸びたチューブが、フロントフェンダーを保持する。シリーズIIの車では、フロアパン、バルクヘッド、ペダルボックスがグラスファイバーの成型品となり、それをシャシーに接着した。2本のメインチューブから縦横に張り巡らされた箱形断面のチューブが、キャビンを支えるフレームを構成する。センタートンネル後部を形作るスチール板もここに溶接された。さらに細いチューブを何本もメインフレームに溶接して、ボディの各部を保持する。ボディもチューブによる構造体に溶接されている。

シャシーの仕上げは通常、光沢のある黒い塗装である。

このボディは先代の250GT 2+2とは似た部分がない。はるかに丸みを帯びた（重厚感があるという人もいる）デザインはピニンファリーナが手がけた。シリーズIおよびIIモデルとも、ボディはスチールパネルの溶接で造られ、ボンネットとトランクリッドはスチール枠とアルミパネルの組み合わせである。シリーズIは1965年の半ばまで生産され、ツインヘッドランプと、丸形のサイドランプ／ウィンカー、フロントフェンダー側面の11本のルーバー、そしてオーバーライダーの付かない前後のバンパーを特徴とする。いっぽうシリーズIIのボディは以下の部分で見分けられる。シングルヘッドランプ、楕円形のサイドランプ／ウィンカー、ポリッシュアルミで縁取られた3本のルーバー、垂直型のオーバーライダー（ラバーパッド付き）を備える前後バンパー、そして若干丸みが増したラジエターグリル。キャビンから後方のボディは、両モデルとも同一である。

外装／ボディトリム

330GT 2+2のフロントは奥行きが浅く、角が丸いラジエターグリルが特徴で、シリーズIIモデルの方が曲線が際立っている。縁には薄いアルミ製の枠があって、少し奥にアルミの薄板を組んだ格子が埋まり、その中央にメッキのカヴァリーノ・ランパンテが取り付けられた。グリルの下には一体型のスチール製メッキバンパーを備え、シリーズIIではラバーパッド付きのオーバーライダーを追加。このバンパーは、ノーズパネルの下側を通って突き出たサポートを介して、シャシーに固定された。リアは一体型でフェンダー側面に回り込んだメッキバンパーで、やはりシリーズIIではフロントと同様なオーバーライダーが付いた。ノーズパネル上面、グリルとボンネットとの間には縦長の四角いエナメル製フェラーリ・エンブレムが飾られた。フェラーリの文字のバッジが、トランクリッドに付いたメッキの丸いキーロックの上に

両シリーズとも、リアフェンダーにはピニンファリーナの紋章と文字のバッジ、トランクリッドにはフェラーリの文字のバッジが付いた。

装着された。リアフェンダーの下側、ドアの後端とリアホイールアーチの間には、横に細長い矩形のピニンファリーナ・バッジと、その真上に同社の紋章が付いた。ごく初期には、これらのバッジをフロントフェンダーの下側に装着した車もあった。

平らなボンネットはフロントにヒンジを備え、手で引き下ろして留める方式の保持ステー（スプリング組み込み）が前部左端に付く。ドアの真下、サイドシルに沿った部分には断面が三角形のアルミ製サイドモールが装着された。そのほかの光り物は以下のとおりである（特に明記のないものはメッキ）。フロントおよびリアウィンドーを囲むトリム、三角窓、ドアウィンドー、クォーターウィンドーのフレーム、ワイパーアームとブレードの枠、ヘッドランプ周囲のトリム（シリーズⅠ）、ヘッドランプリム（シリーズⅡ）。さらにフロントフェンダーのルーバーを飾るポリッシュアルミのトリム（シリーズⅡ）、サイドシルの前後に位置するジャッキアップポイントを塞ぐプラグ、亜鉛鋳造でメッキ仕上げのドアハンドル、丸いキーロック、そしてフューエルフィラーリッドを縁飾るトリムリングである。このリッドの中央には、カヴァリーノ・ランパンテが黒で描かれた丸いバッジが付いた。

ガラス類はすべて無着色で、フロントウィンドーには合わせガラスを用いた。ワイパーは2段スピード式で、左ハンドル車では右側に、右ハンドル車では左側に停止した。ドアは開閉可能な三角窓を備え、シリーズⅠでは前側下隅の留め金、またはシリーズⅡではドアに設けられた黒いプラスチック製のノブで操作する。リアクォーターウィンドーは前端にヒンジが取り付けられ、後ろ側の下隅に留め金が付いた。

塗装

275GTBの章で、この時代のフェラーリ車にはきわめて多くの塗色が用意されていたと述べたが、同じ説明が330GT 2+2にもあてはまる。このモデルはピニンファリーナで製作されたため、原則としてPPGあるいはデューコ社製の塗料が使われているはずである。シルバー、あるいは微妙に異なる何種類ものメタリックブルーのどれかを選ぶオーナーが最も多かった。塗色のリストは30ページの表のとおりである。

内装／室内トリム

標準のシートは総コノリーレザー張りで、その色の選択肢は275GTBの章、33ページに示した表のとおりだ。フロントシートには、クッションの前端下に前後の位置調整レバー、外側の基部にバックレストの角度調整レバーが付いた。この前席バックレストは背面に伸縮式のマップポケットを持ち、また後席への出入り時には前方に倒すことができる。ドアは幅が広いものの、前席をスライドさせれば、乗降は楽になる。リアシートはセンタートンネルを挟んで左右に分かれているが、バックレストは左右が一体型となっている。中央のアームレストは前面にメッキの蓋の付いた灰皿を備える。

アームレストはドアグリップと一体型で、その上方に装着されるのがメッキのドアレバーと保護プレートである。ウィンドーレギュレーターハンドルはアームレストの下に位置する。シリーズⅡではオプションでパワーウィンドーが用意され、スイッチがシフトレバー前方のセンターコンソールに付いた。その場合、ドアトリムパネルに故障時に応急用のハンドルを差し込むための丸い穴を残し、通常はプラグで塞いだ。ドアトリムパネルの最下部、およびサイドシルのドアと接する面は、ポリッシュアルミ板張りである。

フロアはカーペット張りで、ドライバー席と助手席の足元部分は筋の入った黒いラバーマットが溶着された。カーペットのカラーバリエーションについては275GTBの章、32ページの表に示した。センターコンソール、センタートンネル、前後ホイールアーチの室内側、ドアトリムパネル、リアのパーセルシェルフにはシートと同色の革とビニールを使った。ダッシュボードの上面と下面、ドアトリムパネル上端のパッド部は標準では黒いビニール張りだ。天井の内張りは内側に仕込まれたワイヤで吊られたアイボリー色のなめらかなビニールで、ルーフフレームとリアクォーターパネルにも同じ張り地を用いた。

サンバイザーはビニール張りで、ドライバー側と助手席側の両方に備わり、後者にはバニティーミラーが付属する。サンバイザーに挟まれる形で、フロントウィンドーフレームの上端には防眩型のルームミラーが取り付けられた。ルーフに設置されたルームランプはドアの開閉と連動して、あるいはダッシュボードのスイッチ操作で

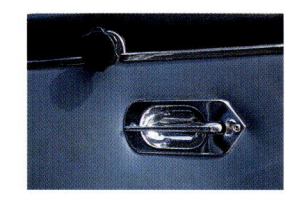

三角窓の開閉は、シリーズⅠの留め金（写真上）から、シリーズⅡではプラスチック製ノブ（写真下）に代わった。

ボディ／内装カラー

ボディ、本革、カーペットのカラーについては、275GTBの章の表を参照。

330 GT 2+2

シリーズⅠ（写真右）とシリーズⅡ（写真下）の室内の比較。主な違いは後者がセンターコンソールを備え、またそこにいくつかのスイッチが移った点である。写真のシリーズⅠの車に装着されたステアリングホイールとシフトノブはノンオリジナルだが、当時の品である。

点灯する。

　メッキのシフトレバーはセンタートンネルの中央に位置する。先端のノブは黒いプラスチック製で、レバーの根元はシリーズⅡでは内装と同色のブーツで覆われた。シフトレバーの後方にはクロームの蓋付きの灰皿が備わる。ハンドブレーキはセンタートンネル前部の脇、ドライバー側のフロアから突き出て、内装と同じ色のビニール製ブーツが付いた。

ダッシュボード／計器類

　ダッシュボードの化粧パネルは標準ではチークのベニヤ張りだったが、異なる仕様のオーダーも可能であった。イギリス人のひとりの顧客は、黒いフォーマイカ（合成樹脂積層板の一種）を指定した（左ハンドル仕様、シャシーナンバー08663）。ダッシュボード上面は、ドライバー側が横幅の半分以上にわたって盛り上がり、その下に計器類が並ぶ。表面の仕上げは上下とも黒いビニール張りで、縁の部分はパッドが入る。上面はフロントウィンドーに沿った部分に2個の細いデフロスター吹き出しスロットが設けられた。蓋とプッシュボタン式の留め金、そして内部照明を備えたグローブボックスが助手席側に位置する。

　ウッドリムのステアリングホイールは、飾りのないアルミ製スポークとアルミ製ボスとの組み合わせだ。中央のホーンボタンはプラスチック製で、中央が黄色でカヴァリーノ・ランパンテのマークが入り、外側は黒い。左側のステアリングコラムから突き出た2本の細いレバー（メッキ仕上げで、先端に黒いプラスチック製ノブを持つ）は、ウィンカーと、ヘッドランプのハイ／ロービームの切り替えおよびパッシング用である。シリーズⅠでは、コラム右側にオーバードライブ用レバーが備わり、ドライバー側フットレストの近くにフロア設置型のプッシュボタン式ウィンドーウォッシャー・スイッチがあった。シリーズⅡでは、コラム右側のレバーがワイパーとウォッシャー用（レバーを手前に引くとウォッシャーが作動）であった。

　計器類の全体的な配列とそれぞれの機能は275シリーズとほぼ同じである。いずれも黒い文字盤に白で表示される。スピードメーターとタコメーターはドライバーの正面、ステアリングコラムの両側に位置し、両者の間に油温計と油圧計が置かれた。水温計と燃料計、アンメーター、そして時計はダッシュボード中央にまとめて並べられた。計器類の配列はシリーズⅠとシリーズⅡで共

通だが、スイッチ類は異なる。

シリーズⅠの車ではダッシュボード中央の下端にスイッチパネルを設けた。このパネルにはまず、キーを差し込んで回し、押し込む方式のイグニッションスイッチが備わる。そのほかサイドランプ、電磁式フューエルポンプ、左側および右側のベンチレーションファン、リアデフロスター用ファン、ルームランプの各スイッチ、そしてシガーライターが並ぶ。このスイッチパネルと4連の計器の間には、丸型で方向を変えられる外気吹き出し口が2個が装着され、その間に垂直の調節レバーが収まる。助手席側の吹き出し口の隣には計器照明のスイッチ／調光ツマミが、ドライバー側の吹き出し口の隣には2段スピード式のワイパースイッチが位置する。ダッシュボード化粧パネルの両端には垂直にスライド式のレバーが設けられ、それぞれの側のデフロスター吹き出し口の開閉を行う。ドライバー側にはもうひとつ同様なレバーがあって、ヒーターを調節する。ダッシュボードの下、車の両側にもヒーター／ベンチレーションの吹き出し口があって、左右別々に調節できる。ダッシュボードの下、ステアリングコラムの中央寄りにボンネットリリースレバーとチョークレバーが、外側寄りには電源ソケットがある。ヒューズおよびリレーパネルは助手席側のダッシュボードの下に置かれた。

シリーズⅡモデルではダッシュボードの下側に繋がるセンターコンソールを備え、その上面に主なトグルスイッチが並んでいる。スイッチの下にはオプションのラジオ装着スペースを塞ぐプレートを挟んで、フェラーリとピニンファリーナの旗が交差したバッジが付く。ダッシュボード化粧パネルの中央には、向きを変えられる丸型の吹き出し口（いずれも中央に風量調節用のプラスチック製ノブを持つ）が3個装着された。ステアリングコラムより外側のダッシュボード下端のパッド部は、一部切り欠きになっており、そこにルームランプおよびサイドランプ用スイッチが収まる。その脇のステアリングコラムシュラウドが延長された部分には、イグニッションスイッチ／ステアリングロックが位置する。デフロスターとヒーターのコントロールレバー類はシリーズⅠと同様である。

トランク

トランクには、四角いフューエルタンクが後席の後ろにあたる位置に直立した形で収まる。容量は90ℓ。リアフェンダー（シリーズⅠでは右側、シリーズⅡでは左側）、トランクリッド前側の隅に隣接した部分にリッドが設けられ、その下にフューエルフィラーが隠れる。スペアホイールはトランクルーム床面の窪みの中に、車載工具とともにフラットに収納され、その上を黒い塗装仕上げのベニヤ板が塞ぐ。床面と側面は黒いカーペット張りだ。トランクの天井部分には2個のランプが装着されリッドに付いた個別のスイッチによってトランクを開け

ると点灯する。リッドはキーロックを備え、伸縮式のラチェット付きステーによって開いたまま保持できる。

エンジン

排気量3967ccの60°V12エンジン（ティーポ209）はウェットサンプ式で、シリンダーバンクあたり1本のオーバーヘッドカムシャフトを備え、最高出力300bhp／6600rpmと最大トルク33.2mkg／5000rpmを発揮する。

シリーズⅠのダッシュボードの中央部分。シリーズⅡになると、このパッド部に並ぶロッカースイッチがセンターコンソールのトグルスイッチに代わった。またエア吹き出し口も3個になり、レバーの位置も変更された。

エンジン	
形式	60° V12
型式	209
排気量	3967cc
ボア・ストローク	77×71mm
圧縮比	8.8:1
最高出力	300bhp／6600rpm
最大トルク	33.2mkg／5000rpm
キャブレター	ウェバー40DCZ/6または40DFI　3基

タイミングデータ	
インテークバルブ開	27° BTDC
インテークバルブ閉	65° ABDC
エグゾーストバルブ開	74° BBDC
エグゾーストバルブ閉	16° ATDC
点火順序	1-7-5-11-3-9-6-12-2-8-4-10

エンジン冷間時の規定バルブクリアランスは、インテーク側が0.15mm、エグゾースト側が0.2mm。バルブリフターとロッカーアームの間で測定する。

各種容量（ℓ）	
フューエルタンク	90
冷却水	13.0
ウィンドーウォッシャータンク	0.5
エンジンオイル	10.0
ギアボックスオイル	5.0
4段オーバードライブ付き	3.25
5段	5.0
ディファレンシャルオイル	
4段オーバードライブ付き	1.8
5段LSD付き	2.5

車載工具

支柱型ジャッキ
（ハンドル一体式）
ウェバーキャブレター用スパナ
汎用プライヤー
マイナスドライバー（大）
マイナスドライバー（中）
グリスガン
鉛製ハンマー
ハンマー
スパークプラグレンチ
ハブ・エキストラクター
オイルフィルターレンチ
オルタネーター用ベルト
両口スパナセット
（8〜22mm、7本組）

330 GT 2+2

パンケーキ型エアクリーナーボックス（275GTSに装着例が多い形式）を備えたシリーズⅠのエンジンルーム。エンジン前側のオレンジ色の筒が2個のオイルフィルターで、反対側には2個のディストリビューターが見える。ツインのエアホーンとコンプレッサーがインナーフェンダーに取り付けられている。

標準のエアクリーナーボックスを装着したシリーズⅡ。インテークダクトが縮み模様塗装仕上げのカムカバーを遮っている。

シリンダーボアは275シリーズと同じ77mmで、ストロークを71mmに延長することで排気量を拡大した。各コンポーネンツの構成や材質は275シリーズの2カムシャフトユニット（エンジンマウント4個）とほぼ同様だ。以下に細かな相違点のみを述べる。シャシーナンバー08729以降、エンジンブロックはマウントが2個に減り、エンジンの型式ナンバーは209/66となった。

キャブレターはウェバー40DCZ/6または40DFIが3基で、それぞれ独立したマニフォールドに装着される。後ろ側のマニフォールドにはブレーキサーボ用のバキューム取り出し口が付く。燃料供給を受け持つのはフィスパ製Sup150、ダイアフラム型機械式フューエルポンプで、補助用にフィスパ製PBE10電磁式フューエルポンプを備える（ダッシュボードのスイッチで操作）。ディストリビューターは2個のマレリS85A型で、各1個のマレリBZR201A型イグニッションコイルが組み合わされた。シリーズⅠの車では、ウォーターポンプは6枚羽根の冷却ファンと同軸に装着され、クランクシャフトプーリーからVベルトで駆動された。一部に、ラジエターの前面に自動温度調整式の電動ファンを追加した車もある。シリーズⅡではベルト駆動のファンが廃止となり、3枚羽根の自動温度調整式電動ファンを装備。シャシーナンバー09509以降は3枚羽根の電動ファンが2基となった。そしてウォーターポンプは冷却系統の圧力を一定に保つためのバイパスバルブを持ち、3列式タイミングチェーンで駆動された。

排気系統は、スチール製マニフォールドが3本で1組となり、それが各シリンダーバンクに2組ずつ備わり、その上をヒートシールドが覆う。マニフォールドは3本ずつ1本の集合パイプにまとめられ、その2本がさらに各バンク1本の大径のパイプへと合流する。このパイプは、さらにキャビンのフロア下に吊られた左右別々のサイレンサーボックスへと繋がる。そこから2本のパイプが出て、リアサスペンションを避けるように弧を描いて2個のサブチャンバーに接続され、最後尾にラバー製ハンガーで吊られた片側2本1組のクロームメッキのテールパイプが出る。

標準のエアクリーナーボックスは黒い塗装仕上げのスチール製プレス成型品で、上面のパネルは縁に滑り止め加工の付いた3個のナットで留められている。両端が丸い長方形のボックスの中には、独立した3個の丸型のエレメント（キャブレターの吸気口ごとに1個ずつ）が収まる。ボックスの両側から2本ずつカムカバーの上に突き出た細長いダクトが、エア取り入れ口である。一部の車両は、各キャブレターに独立したエレメントを用いたパンケーキ型エアクリーナーを装着する。

エンジンの油圧は油温100℃、回転数6600rpmで、5.5kg/cm²が基準値。4kg/cm²が最低許容限度。低回転（700～800rpm）における最低許容限度は1.0～1.5kg/cm²である。

トランスミッション

同時代の275シリーズと、その後の330GTC／Sが5段のトランスアクスルを搭載したのに対して、330GT 2+2はシリーズⅠ、Ⅱともに一般的なギアボックスをクラッチベルハウジングの後部に装着し、プロペラシャフトを介してリアアクスルを駆動する。

シリーズⅠのギアボックスはフルシンクロの4段で、ギアボックス後部に電磁作動式のオーバードライブを装備した。クラッチはフィヒテル・ウント・ザックス製の乾式単板式で、ベルハウジング内、フライホイールに装着された。ダイアフラムスプリング式のクラッチは、リンケージロッド（スプリングによる踏力軽減機構を内蔵）を介してクラッチペダルによって作動する。ギアボックスケースはボルトで結合された2分割構造。前部ケースには、ローラーベアリング支持のメインシャフトとセカンダリーシャフト、リバースギアのアイドラーシャフトが収まり、左側にフィラー兼レベルプラグ、上面に脱着可能なパネルを備える。後部ケースは上面にシフトレバーの保持台座がボルト留めされ、ケース上側にシフト機構と、下側にギアボックス用オイルポンプとメッシュフィルターを内蔵する。このポンプは前部ケース内のセカンダリーシャフトから延長シャフトを介して駆動される。ケース上部にプレッシャー・リリーフバルブが位置する。

シフトレバーの保持台座には後退灯スイッチが取り付けられ、リバースギアを選択するとランプが点灯する。シフト操作は一般的なHパターンで、Hパターン外側の右前方、3速の隣にリバースが位置する。ギアボックス後端には、ソレノイドで作動するオーバードライブが備わる。オーバードライブは後部のブラケットとラバーブッシュを介してシャシー側のプレートにボルト留めされた。このユニットにも、それ自身のオイルフィラープラグを持つ。オーバードライブは4段ギアで100km/hを超えた場合に使用するもので、ステアリングコラム右側のレバー操作で作動する。作動解除は同じレバーを手で操作するか、あるいは下のギアが選択されるとギアボックスカバー上面の前部に付いたスイッチによって自動的に行われる。

シリーズⅠの後期の一部車両、およびすべてのシリーズⅡ車両では、オーバードライブを持たない5段ギアボックスが標準である。クラッチはボーグ＆ベック製油圧作動式クラッチを装備。フルードのリザーバータンクはブレーキ用リザーバーとともに1列に並び、ペダルアセンブリーは吊り下げ式に代わった。シフトパターンは1速から4速がこれまでと同じHパターンで、5速が4段ギアボックスではリバースのあった位置に置かれ、リバースが5速の反対側に移った。

駆動力はアウトプットシャフトからフランジと"ドーナツ"型のラバージョイントを介して、中空のプロペラシャフトへと伝達。そして、その先端のスライディング

ギア比

	ギアボックス		総減速比	
	4段O/D付き	5段	4段O/D付き	5段
1速	2.536:1	2.536:1	10.778:1	10.778:1
2速	1.770:1	1.770:1	7.522:1	7.522:1
3速	1.256:1	1.256:1	5.338:1	5.338:1
4速	1.000:1	1.000:1	4.250:1	4.250:1
5速（シリーズⅠの車ではO/D付き）	0.778:1	0.796:1	3.306:1	3.383:1
リバース	3.218:1	3.218:1	13.676:1	13.676:1
ファイナルドライブ（標準）	4.250:1 (8:34)	4.250:1 (8:34)		
ファイナルドライブ（オプション）	4.000:1 (8:32)または3.778:1 (9:34)			

後部ランプの処理。シリーズⅠではリフレクターが垂直に取り付けられた車が多いが、青いシリーズⅡの車（写真右）のように水平に装着した車も時々見かける。

シリーズⅠ（写真上）とシリーズⅡ（写真下）のフロント灯火類の比較。前者はツインヘッドランプがメッキのトリムパネルとともに装着され、丸いサイドランプ／ウィンカーを備える。オレンジ色で涙滴型のサイドウィンカーには変更がなかった。

330 GT 2+2

ファクトリーの発行物

1964年
- シリーズⅠ（ツインヘッドランプ）の4段ギアボックス／オーバードライブ搭載モデルのセールスカタログ。
- シリーズⅠで5段ギアボックスモデル搭載のセールスカタログ。
- シリーズⅠの4段ギアボックス／オーバードライブ搭載モデルのオーナーズハンドブック。黒／白／赤の表紙。黒／白の表紙でも作られた。

1965年
- シリーズⅡ（シングルヘッドランプ）モデルのセールスカタログ。[ファクトリーの参照番号：02/65]
- シリーズⅡモデルのオーナーズハンドブック。3つの異なるカラーバリエーションの表紙で作られた。

1966年
- メカニカル・スペアパーツカタログ。異なるカラーの表紙で5回印刷された。初めの3回は4段ギアボックス／オーバードライブ搭載のシリーズⅠモデルを収録。第4版はそれに右ハンドル仕様車を追加。第5版はシリーズⅡモデルを収録。
- シリーズⅡモデルのセールスカタログ。[06/66]
- 1966年モデル全車を収録したカタログ。うち2ページに、330GT 2+2の写真と伊／仏／英語表記の各種諸元を掲載。[07/66]

1967年
- 1967年モデル全車を収録したカタログ。うち2ページに、330GT 2+2の写真と伊／仏／英語表記の各種諸元を掲載。[11/67]

スプラインとユニバーサルジョイントを経て、ディファレンシャルへと伝わる。前部ベアリング、スライディングスプライン、ユニバーサルジョイントにはグリスニップルが付く。シリーズⅡの車はZF製多板式のリミテッドスリップ・ディファレンシャルを装着。このディファレンシャルケースは左側アクスルシャフトの前方にオイルフィラープラグを備え、後面にドレンプラグが付いた。後輪はリジッドアクスルゆえ、ディファレンシャルケースの左右にアクスルチューブがボルト留めされ、その中にアクスルシャフトが通る。

電装品／灯火類

電装系統は12Vで、バッテリー（容量は60Ah、65Ah、74Ahのいずれか）はエンジンルーム後部の隅、ドライバーとは反対側に位置する。エンジンの前面に装着されたマレリGCA-101/B型オルタネーターは、クランクシャフトプーリーから（シリーズⅠではウォーターポンプとともに）Vベルトを介して駆動される。両シリーズとも、スターターモーターはフライホイールベルハウジングの右下に備わり、ソレノイドが真下に付属する。ツイン式のエアホーンは、エンジンルームのインナーフェンダーパネルに取り付けられた。オーバードライブユニットはビアンキ社製で、ルーカス7615F作動ソレノイドを備える。ヒューズおよびリレーパネルはエンジンルームのバルクヘッドに固定された。主な電装品の仕様については別表のとおりである。

ヘッドランプはシリーズⅠ、Ⅱともに1966年中頃まではマーシャル製、以後はキャレロ製を用いた。それ以外の灯火類はすべてキャレロ製で、ヘッドランプとサイドランプの配列を除いて、全生産期間を通じて変更はない。唯一の仕様差は、右ハンドル車用の配光が左寄りのヘッドランプロービームと、フランス向けの車のイエローバルブである。シリーズⅠの車はツインヘッドランプを備え、外側に直径178mmのロービーム、内側に直径127mmのハイビームユニットを配し、楕円形のメッキトリムをフロントフェンダーにネジ留めした。シリーズⅡでは直径178mmのシングルヘッドランプを、フェンダーの浅い窪みに装着した。シリーズⅠでは丸型で白いレンズのサイドランプ／ウィンカーが、左右のフェンダー、ヘッドランプの下に付く。シリーズⅡではそれが楕円形に代わり、レンズは仕向け地に応じて白、あるいはオレンジと白の組み合わせを用いた。両シリーズとも、フロントフェンダー側面、ヘッドランプの中心軸とほぼ同じ高さに、涙滴型のサイドウィンカーが備わる。

テールパネルには、ストップ／テール／ウィンカーの細長いコンビネーションランプが備わる。リアフェンダーにかけて少し回り込んだ外側は丸みを帯びている。その内側寄りには独立した長方形のリフレクターが付く。これは通常、向きが縦長だが、横長に付いた車もある。ナンバープレートランプは2個で、細長い台形のメッキハウジングに収まり、リアバンパーの上面に装着された。バックアップランプは小さな長方形で、バンパー下側に埋め込まれた。

サスペンション／ステアリング

フロントサスペンションは独立式で、不等長ダブルウィッシュボーン型（スチール鍛造品）を採用。コイルスプリングとダンパーは一体ではなく、前者はアッパーウィッシュボーン、後者はロワーウィッシュボーンに装着された。ロワーウィッシュボーンには、左右のサスペンションユニットを連結するスタビライザーも付く。

リアサスペンションには半楕円形リーフスプリング（6枚の板バネで構成され、板間にポリエチレンシートを挟む）を用いる。その補助として、コイルスプリングと油圧式ダンパーを同軸上に組み合わせたアセンブリーが、アクスルチューブとシャシー側のブラケットの間に装着される。アクスルチューブの外側は、チューブ先端の上下とシャシーとを平行なラジアスロッドが結び、前後方向の力を支える。連結部にはすべてサイレントブロック（内側と外側に金属の筒が接着されたラバーブッシュ）を使用する。

ステアリングナックルは鍛鋼を機械加工して造られたもので、ホイールハブ／ブレーキディスクアセンブリーの軸となるナックルスピンドルを備える。リアはドライブシャフトの先端にハブアセンブリーを装着し、キャッスルナットと割ピンで固定。前後とも、ハブとブレーキディスクは8本ボルトのフランジで結合された。

ステアリングはノンアシストのウォーム・ローラー式で、ステアリングギアボックスはシャシーのフロントクロスメンバーに位置し、ユニバーサルジョイントを介してステアリングシャフトと連結している。ギアボックスは上面に遊び調整用のネジとロックナット、そしてオイ

主要電装品

バッテリー	12V, Baroclem M11AS88, 60Ah またはMarelli 6AC110R, 60Ah, SAFA 6SNS5, 74Ah
オルタネーター	Marelli GCA-101/B
スターターモーター	Marelli MT21T-1.8/12D9
点火装置	Marelli S85A ディストリビューター2個 Marelli BZR201A イグニッションコイル2個
スパークプラグ	Marchal 34HF

サスペンションセッティング

前輪トーイン	+0～+1.5mm
前輪キャンバー	1°（固定）
後輪トーイン	なし
後輪キャンバー	0°
キャスター角	2°30'
前輪ダンパー	Koni 82H1321またはRIV 474226
後輪ダンパー	Koni 82N1322またはRIV 474257

ルフィラープラグを備える。トーの調整はタイロッドで行う。ステアリングボールジョイントは遊び調整が不可能なタイプで、グリスアップを必要としない。回転直径は13.78mである。シリーズⅠ、Ⅱとも左ハンドル仕様と右ハンドル仕様が選べた。シャシーナンバー08599以降はZF製パワーステアリングがオプションとなったが、それ以前の車に後付けはできなかった。

ブレーキ

330GT 2+2は先代にあたる250GT 2+2と同様、4輪にダンロップ製ディスクブレーキを採用した。シリーズⅠの車は前後のブレーキ系統が完全に独立しており、ボナルディ製のバキュームサーボ（後部キャブレターのインテークマニフォールドからバキュームの供給を受ける）も、まったく同じユニットを2基備える。シリーズⅡになるとこの複雑な構成は合理化され、ダンロップ製C84型バキュームサーボが1基で前後系統をまかない、シャシーナンバー09083以降はボナルディのVAC型に代わった。シリーズⅡではフルードのリザーバータンクが金属製からプラスチック製となり、クラッチ用フルードのリザーバーと1列に並んで取り付けられた。フロアに設置のレバーからケーブルで操作されるハンドブレーキは、リアホイールに専用のキャリパーを持つ。その遊び調整は、ハウジングに付いた調整ネジと、2本のケーブルが車体下面でレバーと連結した部分のケーブル調整ネジで行う。

シリーズⅡの車から、ペダルはフロア取り付け型から吊り下げ型に代わった。通常使用における推奨ブレーキパッドは、フロントがミンテックスのVBO-5201/N2（M33）、リアがVBO-5138/N2（M33）である。

ホイール／タイア

72本のメッキスポークと6.5×15インチのポリッシュ仕上げアルミリムを組み合わせたボラーニ製RW3801W型ワイアホイールが、シリーズⅠの標準である。それをスプラインを切ったハブに、センターナットで固定する。シリーズⅡモデルでは、10穴の軽合金ホイールが標準で、ボラーニのワイアホイールがオプションであった。ボラーニ用のセンターナットは通常、角度の付いた3本耳だが、軽合金ホイールのそれは耳が真っ直ぐである。

シリーズⅠではボラーニのワイアホイール、シリーズⅡでは10穴の軽合金ホイールがそれぞれ標準であった。

生産データ

シリーズⅠ（ツインヘッドランプ）：1964〜1965年、シャシーナンバー04963〜07533 生産台数625台

シリーズⅡ（シングルヘッドランプ）：1965〜1967年、シャシーナンバー07537〜10193、生産台数474台

識別プレート

1. モデル型式、エンジン型式、シャシーナンバーを打刻した識別プレートを、エンジンルームのバルクヘッドに装着。
2. シャシーナンバーをフロントサスペンション取り付けポイント付近のフレームに打刻。
3. エンジンナンバーと型式をベルハウジング付近の右後部のブロックに打刻。

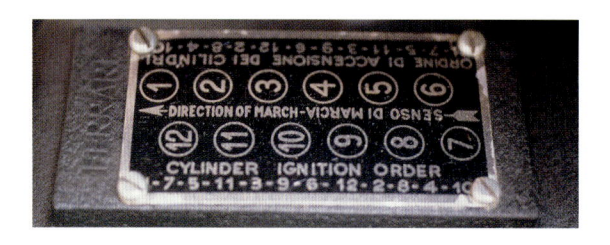

シリンダーの点火順序を示したプレートは、左側のカムカバーの前端に位置する。

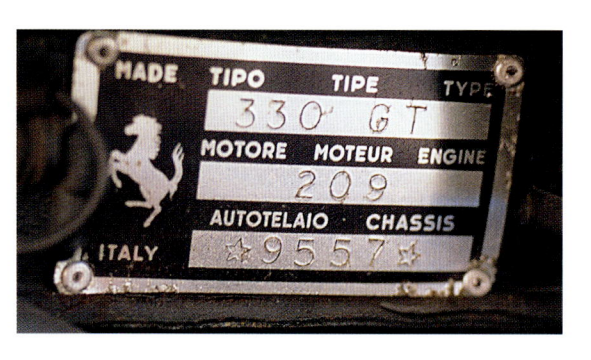

バルクヘッドに留められた識別プレートに、モデル型式、エンジン型式、シャシーナンバーの打刻がある。

ホイール／タイア

ホイール前後
- シリーズⅠ　6.50L×15 Borrani ワイアホイール（軽合金リム） RW3801W型
- シリーズⅡ　7L×15 Borrani ワイアホイール（軽合金リム） RW3812型

タイア前後
- シリーズⅠ　Dunlop 205-15またはMichelin X 205VR-15、Pirelli 210HR-15
- シリーズⅡ　Dunlop 205-15または210HR-15

Chapter 6
330 GTC/S & 365 GTC/S

　1966年のジュネーブショーでフェラーリのラインナップに加わった330GTCは、330GT 2+2とほぼ同じ構成の4ℓ2カムシャフトのV12エンジンを搭載する。しかしドライブトレーンはエンジン装着型のギアボックスとプロペラシャフト、リアアクスルという一般的な組み合わせではなく、トルクチューブでエンジンに連結する5段のトランスアクスルを採用した。330GTCは生産中止となったモデルの後継機種ではなく、ラインナップに新たに追加されたモデルであった。330GTCこそが、275GTBよりも250GTルッソの後を継ぐにふさわしいモデルだと見なす人もいる。いずれにしても、非常に限定された（当時も今も）市場に、フェラーリが275GTBのほかにもう1モデル、2シーターを送り出したのは不思議に思える。

　このクーペに続いてオープンモデルの330GTSが造られ、同年（1966年）後半のパリサロンでショーデビューする前に市販開始となった。フロントエンドのデザインは、奥行きの浅い楕円形のラジエターグリルが500スーパーファストを思い起こさせたが、テールは275GTSにそっくりである。クーペとスパイダーモデルの違いはキャビンの部分で、上品でほっそりとしたピラーと広々としたガラスエリアを持つクーペのGTCに対し、GTSは折り畳み式のソフトトップをフロントウィンドーフレームに2個の留め金で固定する。275GTBと同様、鋳造軽合金ホイールが標準で、ボラーニ製ワイアホイールがオプションであった。レオポルド・ピレリのために特別注文により製作された330GTC（シャシーナンバー10581）は、365GTC用と同じティーポ245/Cエンジンを搭載し、やはり特製のカンパニョーロの軽合金鋳造ホイール（15インチ）を履いた。その5本スポーク型デ

ピニンファリーナが手がけた330GTCの素晴らしいスタイリングは、明るいイエローという色でさえ似合う。フロントフェンダー側面の3本のルーバーが365版との明らかな違いだ。ラジエターグリルの前面に付いたプロテクションバーはノンオリジナル。

オプションのボラーニ製ワイアホイールを履いた右ハンドル仕様の330GTC。どの角度から見ても、500スーパーファストのフロントスタイルと275GTSのリアセクションの融合は見事だ。流れるようなラインが途切れることなく続いている。

ザインは、以後365GTB/4に採用され、様式として受け継がれ、今日でもフェラーリの重要な特徴のひとつとなっている。

330GTCおよびGTSともに、1968年に生産を終了し、365GTCと365GTBがその後釜にすわった。いま歴史を振り返ると、この365GTC/Sはシリンダーの片バンクあたりオーバーヘッドカムシャフトが1本V12エンジンを搭載したフェラーリ最後のロードモデルとなった。その後のエンジンはすべて片バンクに2本のカムシャフトを備える。365GTCと365GTSの外観は先代モデルときわめて似ている。見た目のうえで唯一異なるのは、フロントフェンダーのルーバーが、ボンネット後ろ側の隅に移り、細かいルーバーの付いた艶消しブラックのパネルに代わった点だ。室内ではさらにディテールに変更を受けた。最も目につくのは、ダッシュボード上面の中央に追加された2個のエア吹き出し口（丸型で向きを変えら

れる）である。330GTC/Sと同様、365GTC/Sもボラーニのワイアホイールがオプション装備だった。生産は1970年までしか続かず、したがって造られた台数も比較的少ない。特にスパイダーモデルは1969年で生産を終えている。結果的に、330GTC/Sおよび365GTC/Sはこの時代としては最も希少なプロダクションモデルの

寸法／重量

	330GTC	330GTS	365GTC	365GTS
全長 (mm)	4470	4430	4470	4430
全幅 (mm)	1675	1675	1675	1675
全高 (mm)	1300	1250	1300	1250
ホイールベース (mm)	2400	2400	2400	2400
トレッド前 (mm)	1401	1401	1410	1410
トレッド後 (mm)	1417	1417	1414	1414
乾燥重量 (kg)	1300	1200	1350	1250

330 GTC/S & 365 GTC/S

スタイリングはスパイダーモデルでも成功を収めている。この左ハンドル仕様の330GTSもオプションのワイアホイールを装着している。

ひとつとなった。おそらくその販売低迷の背景には、よりアグレッシブなスタイリングとパワフルなエンジンを備えた365GTB/4の登場があったと思われる（GTB/4は同時期のフェラーリのカタログに載り、価格は10％ほど高いだけであった）。徐々に厳しくなる一方のアメリカ合衆国の法規制にも影響を受け、大がかりな手直しを加えないかぎり販売できなくなったのである。むろんフェラーリは、そのために"賞味期限"に近づいたモデルに多額の費用を費やすつもりはなかった。

このクーペとスパイダーは、同時期の275および365のベルリネッタとは異なる顧客層をターゲットとしていた。そう判断するのが妥当と思われる。これらのモデルは、あからさまにスポーティさを強調することはなく、控えめな外観と落ち着いた雰囲気を持つ。ゆえに、エレガントかつ速く、運転が楽で、それほど派手ではないフェラーリを求める顧客にはぴったりの車であった。

ボディ／シャシー

330GTC／Sのシャシー（ホイールベース2400mm）はティーポ592、365GTC／Sのそれはティーポ592／Cである。その名の違いは、排気量の拡大に伴うエンジンマウントの位置の変更によるものだ。330GTCはエンジンとトランスアクスルを強固なトルクチューブで連結し、各々2箇所のマウントで搭載した最初のモデルだ。それによりバランスとアライメントの問題が解消することが証明され、1966年4月に275GTBにも導入が決まった。したがってシャシーの全体的な構造は275シリーズと似かよっており、縦方向のチューブ2本に筋交いを交差させたメインフレームから左右に張り出した梯子状のフレームが基本となる。275シリーズと型式ナンバーが異なるのは、主にボディのスタイルと形状の違いによって細かいフレームに差があるからだ。バルクヘッド、ペダルボックス、フロアパネルはグラスファイバーの成型品を

2台の365GTC。1台は標準の10穴の軽合金ホイールを、もう1台はオプションのボラーニ製ワイアホイールを履く。330ではフロントフェンダーにあったルーバーが、365ではボンネットの黒いルーバーパネルに代わった。

用いた。

スチール製ボディ（ボンネットとトランクリッドはアルミ製）はピニンファリーナがデザインと製作の両方を担当した。リアセクションは275GTSモデルと共通で、それに500スーパーファストによく似たフロントセクションを組み合わせた。ほっそりとしたピラーを持つクーペモデルのキャビン部分は330および365GTC独特のスタイルである。スパイダーモデルのキャビン部分の輪郭は275GTSに倣ったものだ。330と365モデルのボディで、両者の違いが認められるのは、エンジンルームの熱を逃がすルーバーである。330GTC／Sではフロントフェンダー側面に3本のルーバーを備える。これは後期の275GTSと500スーパーファスト、330GT 2+2と同様だ。いっぽう365GTC／Sでは、ルーバーパネルがボンネットに装着された代わりに、フェンダー側面には何も付かない。左右2分割式のメッキバンパーが4隅に備わり、リアバンパーにはラバーの付いたオーバーライダーが追加された。

GTSモデルのソフトトップは厚手のキャンバス製で、後部に四角い透明なパースペックス製のリアウィンドーを持ち、折り畳み式のスチールフレームで保持される。その外側、リアウィンドーの上方には1本の細いメッキトリムが付いた。このソフトトップは、上げた状態ではフロントウィンドーに2個の留め金で固定。下ろした状

ボディ／内装カラー

ボディ、本革、カーペットのカラーについては、275GTBの章（1969年中頃までの車）、または365GTB/4の章（それ以降の車）の表を参照。

330 GTC/S & 365 GTC/S

365GTSはわずか20台しか造られなかった。すべて左ハンドル車である。ここに示した2台は、それぞれ標準の10穴の軽合金ホイールとオプションのボラーニ製ワイアホイールを装着。

365モデルと異なり、330ではボンネットリッドに、フェラーリの文字のバッジ以外にモデル名を表す数字が付いた。

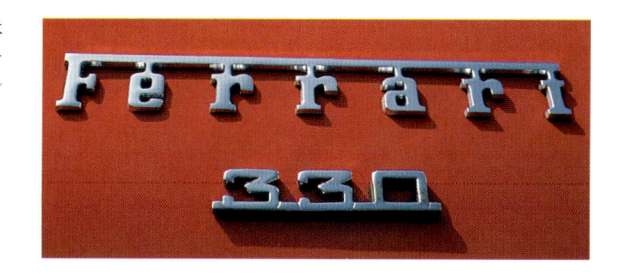

態ではシート後方の窪みに畳んで収納し、その上にビニールのカバーをかけ、メッキのホックで留めた。ハードトップも用意されたが、それを望む人はほとんどいなかった。

外装／ボディトリム

330GTC／Sおよび365GTC／Sのフロントは、突き出した楕円形のラジエターグリルが特徴的である。開口部の内側の縁にはアルミのトリムが付き、中にはアルミの薄板を組んだ格子が填まり、その中央にメッキ仕上げのカヴァリーノ・ランパンテが位置する。左右2分割式で細いメッキバンパーの内側は開口部に少し食い込み、外側はフェンダー側面まで回り込む。リアは同じく側面まで回り込んだ左右2分割のバンパーが備わり、その内側の端にはラバーの付いたオーバーライダーが装着された。縦長の四角いフェラーリのエナメル製エンブレムが、ノーズパネル上面、グリルとボンネットの前端の間に飾

られ、フェラーリの文字のバッジがトランクリッドの後端中央に付いた。すべてのモデルとも、横に細長いピニンファリーナのバッジと、その上方にピニンファリーナの紋章をかたどったエナメル製のバッジが、フロントフェンダーの下側に取り付けられた。

前側にヒンジを備えたボンネットは、330GTC／Sでは平らで何も付かないが、前述のように365GTC／Sモデルでは後ろ側の両隅に台形の黒いプラスチック製ルーバーパネルが装着された。ボンネットは左側前部に付いたステーで保持した。ボディ側面はプレスラインを特徴とする。その下のフロントフェンダーには、330GTC／Sではエンジンルームの熱を逃がす3本のルーバーが備わり、その周囲は後ろ側を除いた3辺にポリッシュアルミの縁取りが付いた。

前後のホイールアーチ間のサイドシルには断面が三角形のアルミ製サイドモールが装着され、フロントおよびリアウィンドー、ドアウィンドーの周囲にはメッキのトリムが付いた。そのほかの光り物は以下のとおりである。ヘッドランプリム、ワイパーアームとブレードの枠、GTSモデルのトランクリッドのプッシュボタン式ロック、330GT 2+2と同様のトリムリングの付いたフューエルフィラーリッド（スパイダーモデルの場合はトランク内に設けられた）、プッシュボタン付きのドアハンドルと、その下の丸いキーロック。GTCモデルのトランクオープナーは、左側リアフェンダーの前端、ドアが接する面に設けられた（キーロック付き）。

ガラス類はすべて無着色で、フロントウィンドーには合わせガラスを用いた。2段スピード式のワイパーは左ハンドル仕様車では右側に、右ハンドル車では左側に停止する。ドアには三角窓が備わり、クーペモデルではドアパネル上部に付いた黒いプラスチック製ノブを回して、スパイダーモデルでは三角窓の前部下隅に付いたメッキの留め金を解除して、開閉する。クーペではリアウィンドーが熱線入りで、そのスイッチがセンターコンソールに位置し、警告灯がタコメーター内に付いた。

塗装

275GTBおよび365GTB/4の各章に示した一覧表（30ページ、86ページ）と説明が330GTC／Sおよび365GTC／Sにもあてはまる。これらのモデルはピニンファリーナで製作されたため、通常はPPGあるいはデューコ社製の塗料を使った。

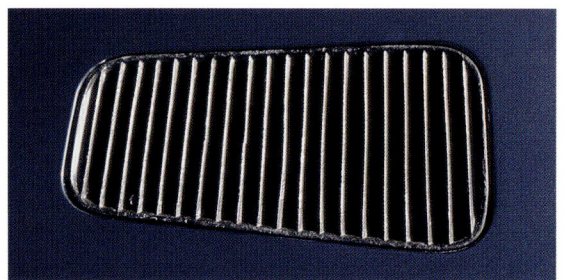

エンジンルームの熱を逃がすのは、330モデルではフェンダー側面の3本のルーバー。それが365では、ボンネット左右の黒いルーバーパネルに代わった。

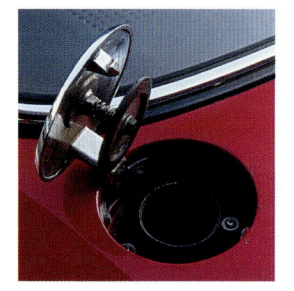

GTCモデルのエレガントなフューエルフィラーキャップは、リアパーセルシェルフに設けられた小さなレバーで開いた。

ドアトリムパネル3態。
330 GTC（写真上）はアームレストが真っ直ぐで、三角窓の開閉ノブがドアトリムパネルに位置する。
330GTS（写真中）では、アームレスト前部が上方に曲がり、三角窓の留め金がウィンドーフレームに備わる。
365GTC（写真下）は、さらに異なるアームレストを持つが、三角窓の開閉ノブに変更はない。
365GTS（写真なし）は330GTSとほぼ同一のドアトリムパネルを装着した。全モデルともパワーウィンドーを備えるが、ここの写真に示した330GTSは、トリムを張り替えたため応急用ハンドルを差し込む穴を塞ぐプラグがない。

クーペモデルのリアピラーには、ベンチレーションアウトレットを開閉するスライド式レバーが備わる。

330 GTC/S & 365 GTC/S

330GTSの室内。このデザインは、エア吹き出し口とアームレストなどを除いて、全体的にすべての330と365モデルで共通。

カーペットが張られたクーペの後部荷物置き場。パーセルシェルフに付いたストラップの留め金が見える。

内装／室内トリム

標準のシート張り地はすべて本革で、そのカラーバリエーションについては、330GTC／Sと365GTC／Sで、それぞれ275GTBの章（33ページ）と365GTB/4の章（89ページ）に示した一覧表を参照されたい。シートはクッション前端の下に前後位置調整のレバーを備える。

ドアに装着されたアームレストは前部がドアグリップを兼ねる。これは330GTCではほぼ水平だが、330GTSと365GTC／Sでは上方に曲がっている。ドアグリップ部分の後ろ寄りには、メッキのドアレバーが位置する。このアームレストは通常、ドアトリムパネル上端のパッド部に合わせて黒いビニール張りだが、ドアトリムのほかの部分と同じ内装色を選ぶこともできた。アームレストの前方には、パワーウィンドー故障時の応急用ハンドルを差し込む穴が設けられ、普段はプラグで塞がれている。パワーウィンドーのスイッチはセンターコンソールの灰皿の後方に備わる。サイドシルのドアと接する面にはポリッシュアルミのプレートが張られた。

フロアと後部の荷物置き場は通常カーペット張りで、運転席と助手席の足元部分にはカーペットの上に筋の入った黒いラバーマットが溶着された。カーペットのカラーバリエーションについては、330GTC／Sと365GTC／Sで、それぞれ275GTBの章（32ページ）と365GTB/4の章（89ページ）に示した一覧表のとおりだ。バルクヘッドの中央部分、センタートンネル、フロントホイールアーチの室内側、ダッシュボードの上面と下面は通常黒いビニール張りだが、センターコンソールは内装と同じ色を選ぶこともできた。クーペの天井内張りはアイボリー色のビニールで、縦方向に溝が入り、その周囲には同様なビニール張りのルーフレールが付いた。リアピラーにも同じ張り地を用いた。クーペの後部パーセルシェルフは通常黒いビニール張りである。両座席に装着のサンバイザーもビニールで覆われ（助手席側はバニティーミラー付き）、その間に防眩型のルームミラーが備わる。GTSモデルではフロントウィンドーフレームの両端に、ソフトトップを固定する留め金が付いた。

センターコンソールの前方左側にメッキのシフトゲートが置かれ、そこから先端に黒いプラスチック製ノブが付いたメッキ仕上げのシフトレバーが突き出る。このシフトゲートの位置は、左ハンドル／右ハンドル仕様を問わず全モデルで共通だ。365モデルの場合、ノブの頭部にシフトパターンが白く刻まれた。シフトゲートの右側

にはメッキの灰皿が置かれ、その蓋にはフェラーリとピニンファリーナの旗が交差したバッジが付いた。灰皿の後方、小物入れトレイの前端にはシガーライターが、その両脇にはパワーウィンドーのスイッチが配された。ダッシュボードの下には、ステアリングコラムとセンターコンソールの間にステッキ型のハンドブレーキレバーが、外側寄りにはボンネットリリースレバーと応急用のプルリングがそれぞれ備わる。クーペモデルでは、フューエルフィラーリッドのリリースレバーがリアパーセルシェルフに付いた。ルームランプは、スパイダーモデルではダッシュボードの下に吊り下げられた。クーペでは、両側のリアサイドウィンドーの上方、ルーフレールに細長いルームランプを装着した。その後方にはメッキ仕上げの小さなコートフックが付いた。クーペモデルのリアピラーには左右ともにスライド式のレバーを備える。これは、ボディ外側のピラーの付け根に設けられた丸い穴（メッキの縁取りが付く）を開閉し、キャビンのベンチレーションを調節するためのものだ。

ダッシュボード／計器類

一見、330GTC／Sと365GTC／Sモデルのダッシュボードおよびセンターコンソールはよく似ている。計器類の配列も同様だ。しかし実際には、ベンチレーション操作系の配置をはじめとする様々な違いがある。両モデルとも、ドライバーの正面に独立した楕円形のメーターナセルを持ち、そこにスピードメーターとタコメーターが収まる。両者の間には3つの計器が三角形に並ぶ（上側に油温計と油圧計、下側の中央に水温計）。水温計の左右斜め下にはトリップメーターのリセットボタンと、計器照明の調光ツマミが位置する。スピードメーターの文字盤にはオドメーターとトリップメーター、そして赤いウィンカーインジケーターと緑のサイドランプ点灯警告灯が備わる。タコメーターの文字盤にはチョーク（365GTC／Sのみ）、リアウィンドー熱線、ヘッドランプハイビーム、そして電磁式フューエルポンプの各警告灯が付いた。ダッシュボードの中央に並ぶ3つの補助計器は、燃料計（残量警告灯付き）と時計、アンメーターである。計器類はすべて黒い文字盤に白で表示される。ダッシュボード助手席側のグローブボックスは施錠可能な蓋と内部照明を持つ。全モデルとも、ダッシュボード両端に垂直にスライドするレバーを備え、それぞれの側のエア吹き出しの向きを調節する。330GTC／Sモデルでは、ダッシュボード中央、補助計器類とグローブボックスの間に同様なレバーが1本あり、これでヒーターの調節を行う。365GTC／Sモデルでは、同じ位置に2本のレバーが装備され、ヒーターの調節が左右別々に可能となった。

メーターナセルの周囲、ダッシュボードの上面と下面はすべて黒いビニール張りである。化粧パネルの部分はチークのベニヤ張りで、ダッシュボード下面との境にはアルミのトリムが付く。330GTC／Sモデルではダッシュボード上面、フロントウィンドーに沿った部分に細いデフロスター吹き出しスロットを備える。365GTC／Sではそれが2個の丸い吹き出し口（向きを変えられる）に代わり、同様な吹き出し口がセンターコンソール前面

上：これは330GTSのものだが、ドライバー正面のメーターナセルに収まる計器類の配置は全モデルでほぼ同じである。

センターコンソールとダッシュボードの部分は330と365モデルで異なる。写真左上が330GTSで、左下のクローズアップが365GTCにおける大きな変更点を示す。垂直にスライドするレバーが2本となり、エア吹き出し口がセンターコンソールの3個から、ダッシュボード上面の2個に代わった。

330 GTC/S & 365 GTC/S

のエアコン用の丸い吹き出し口が3つ並ぶ。さらにその下には、ラジオ取り付けスペースが設けられ、細長いピニンファリーナのアルミ製バッジが付いたプレートで塞がれた。

トランク

トランクの床面には、アルミ製で表面にグラスファイバーを吹き付けたフューエルタンクが2個に分かれて収まり、その間がスペアホイールを収納する窪みとなる。タンク容量は90ℓだ。クーペモデルでは、フィラーキャップ兼リッドが左側リアフェンダーに備わり、スパイダーではトランク開口部の後ろ側の右隅にフィラーキャップが位置する（275GTSと同様）。トランクの床面と側面は黒いカーペット張りで、金属面はすべて光沢のある黒い塗装仕上げだ。天井部分には照明が装着され、トランクリッドに付いたスイッチプレートによってトランクを開けると点灯する。トランクを開けるには、クーペモデルでは左側リアフェンダーのドアと接する面に位置するキー式のレバーを、スパイダーではテールパネルに設けられたキーロックを操作。右側にあるラチェット式伸縮ステーで保持する。

エンジン

330GTC／Sモデルが搭載するエンジンは、排気量3967ccの60°V12ユニット。潤滑はウェットサンプ式で、シリンダー片バンクあたり1本のオーバーヘッドカムシャフトを持ち、最高出力300bhp／6600rpm、最大トルク33.2mkg／5000rpmを発生する。ファクトリーの型式ナンバーは209/66で、末尾に追加された数字はエンジンマウントが2箇所に減った変更によるもので、1966年の330GT 2+2モデルも同じナンバーのユニットを採用している。各部の材質や構造は330GT 2+2のエンジンと同一で、以下に示す細かな点のみ異なる。

3基のウェーバーキャブレターは40DCZ/6（330GT 2+2と同じ）または40DFI/2を各マニフォールドに装着し、フィスパ製Sup150ダイアフラム型機械式ポンプが燃料を供給。フィスパPBE10またはベンディックス467087型電磁式ポンプを補助用とする（ダッシュボードのスイッチで操作）。クランクケース内のブローバイガスを大気に放出するのではなく、カムカバーからホースでインテークマニフォールドとエアクリーナーボックスに導いて燃焼させる装置が付いた。ラジエターの冷却は、前方に取り付けられた2基の電動ファンが受け持つ。これは羽根が3枚で、自動温度調整式である。オプションのエアコンを備えた車では、コンプレッサーをタイミングチェーンケースの右下前方に装着し、2本の専用ベルトでクランクシャフトプーリーから動力を得た。コンデンサーをラジエターの前方のブラケットに取り付けた。エバポレーターは室内から見てセンターコンソールの3連吹き出し口の裏側に位置し、吹き出し口の中央に

スパイダーモデル（写真は330 GTS）では、フューエルフィラーがトランク開口部の右隅に位置する。全モデルとも、スペアホイールはトランク床面のパネルの下に収納される。

の左右に設けられた。デフロスター／足元の切り替えはダッシュボード両脇のスライド式レバーで行う。

ステアリングホイールはウッドリムとアルミ製ボス、縁に筋が刻まれたアルミ製スポークを組み合わせたものだ。ホーンボタンは中央が黄色地にカヴァリーノ・ランパンテのマークが入り、外側は黒いプラスチック製である。ステアリングコラムの左側から、先端に黒いプラスチック製ノブが付いた細いメッキのレバーが2本突き出ている。1本がウィンカー用で、もう1本がヘッドランプのハイビーム／ロービームの切り替えおよびパッシング（365GTC/Sではサイドランプ点灯も含む）用である。右側に備わるレバーは、2段スピード式のワイパーを動かすとともに、手前に引くとウィンドーウォッシャーが作動する。キー式のイグニッション／スタータースイッチ（ステアリングロック内蔵）は、左ハンドル／右ハンドル仕様を問わず、ステアリングコラム右側のダッシュボード下端に延長されたシュラウドに設けられた。

センターコンソールパネルは、まず最上部に黒いレバーのスイッチが6個連なる。それらが制御する電装品は、サイドランプ（330GTC/S）／ハザードランプ（右ハンドル仕様の365GTC/S）／予備（左ハンドル仕様）、電磁式フューエルポンプ、左側ベンチレーションファン、右側ベンチレーションファン、リアウィンドー熱線、そしてルームランプである。スイッチの下にはオプション

車載工具

シザーズ型ジャッキ
（ラチェットハンドル付き）
リア・エキストラクター・ボルト
リアハブ・エキストラクター
フロントハブ・エキストラクター
ハンマー
鉛製ハンマー
プライヤー
プラスドライバー
（直径〜4mm用）
プラスドライバー（5〜6mm用）
プラスドライバー（7〜9mm用）
マイナスドライバー
（長さ125mm）
マイナスドライバー
（長さ150mm）
オルタネーター用ベルト
（SV547 Pirelli 60645）
ウェーバーキャブレター用スパナ
（510/a）
グリスガン
グリスガン延長ノズル
スパークプラグレンチ
オイルフィルターレンチ
両口スパナセット
（8〜22mm、7本組）

スイッチノブ類が付いた。

排気系統は、スチール製マニフォールドが3本で1組となり、それが各シリンダーバンクに2組ずつ備わり、その上をヒートシールドが覆う。マニフォールドは、片側2連ずつフロアの下にヒートシールドを挟んで吊り下げられたサイレンサーボックスにスリップジョイントで接続される。サイレンサーの後部からは2本のパイプが出て、それがリアサスペンションを避けて弧を描いて最後尾まで伸び、ラバーハンガーで吊られた片側2本1組のメッキのテールパイプが付く。

09893より若いシャシーナンバーの車は、グリル内、ラジエターの電動ファンの前方にオイルクーラーを1基備えるが、それ以降の車は同じ位置に2連のオイルクーラーを持つ。前者に該当する車でも、油温の上がり過ぎに不満を抱いたオーナーが2連仕様に変更した可能性もある。油圧は油温120℃、7000rpmで5.5kg/cm^{2}が基準値で、最低許容限度は同条件で4kg/cm^2。低回転（700〜800rpm）における最低許容限度は1.0〜1.5kg/cm^2。

シャシーナンバー09989以降の車は、燃料供給系統に変更を受けた。これは燃料パイプの過熱によってベーパーロックが発生しやすかったためで、タンクからキャブレターに至る燃料供給パイプの取り回しを、車体下側の中央に寄せて右側の排気系統から遠ざけた。そのほか、タンクと燃料吸い上げパイプの接続にも変更があった。これも、該当ナンバーより前の車で顧客の要望により同様な改変を施された場合がある。

いっぽう、365GTC／Sモデルは排気量4390ccの60°V12ユニットを搭載。同じく潤滑はウェットサンプ式で、カムシャフトも片バンクあたり1本だ。最高出力は320bhp／6600rpm、最大トルクは37mkg／5000rpm。ファクトリーの型式ナンバーは245/C。各部の材料、構造、動作は330GTC／Sのユニットと変わりはない。異なるのは主に、81mmに拡大されたシリンダーボア寸法と、以下に示す細かな違いである。

各マニフォールドに装着された3基のウェバーキャブレターは、40DFI/5あるいは40DFI/7。後者を用いたのは以下のシャシーナンバーの計47台である。365GTC：12439、12441、12443、12447、12449、12461、12471、12487、12499、12503、12519、12541、12543、12551、12557、12571、12595、12601、12645、12649、12655、12657、12673、12677、12707、12709、12713、12715、12721、12725、12729、12737、12739、12747、12773、12785、12795。365GTS：12453、12455、12457、12459、12463、12465、12473、12477、12489、12493。

車体後部のタンク付近には2基のベンディックス製電磁式フューエルポンプが付いた。排気系統は、スチール製マニフォールドが3本で1組となり、それが各シリンダーバンクに2組ずつ備わり、その上をヒートシールドが覆う。マニフォールドは3本ずつ1本の集合パイプにまとめられ、その2本が片側2連ずつフロアの下に吊

同時期のほかのフェラーリと同様、大型のエアクリーナーボックスがエンジンルームの中央に鎮座し、キャブレターをはじめとする各コンポーネンツを隠している。

365GTCのボンネット。菱形パターンのキルティングを施された灰色の遮音材と、ルーバーパネルの周囲に設けられたシュラウドが見える。

下げられたサイレンサーボックスにスリップジョイントで接続される。

油圧は油温120℃、6600rpmで4.5kg/cm^{2}が基準値で、最低許容限度は同条件で4kg/cm^2。低回転（700〜800rpm）における最低許容限度は1.0〜1.5kg/cm^2。オイルクーラーは別のユニットではなく、ウォーターラジエターとの一体型を採用。330GTC／Sと同様、オプションとしてエアコンが用意された。

トランスミッション

330および365GTC／Sモデルのトランスミッションは、1966年4月以降の275GTBに搭載のユニットとほぼ同一である。ただし5速ギアのギア比と、標準の最終減

330 GTC/S & 365 GTC/S

エンジン

	330GTC/S	365GTC/S
形式	60°V12	60°V12
型式	209/66	245/C
排気量	3967cc	4390cc
ボア・ストローク	77×71mm	81×71mm
圧縮比	8.8:1	8.8:1
最高出力	300bhp/7000rpm	320bhp/6600rpm
最大トルク	33.2mkg/5000rpm	37mkg/5000rpm
キャブレター	Weber 40DCZ/6または40DFI/2型 3基	Weber 40DFI/5または40DFI/7型 3基

タイミングデータ

	330GTC/S	365GTC/S
インテークバルブ開	27° BTDC	13°15' BTDC
インテークバルブ閉	65° ABDC	59° ABDC
エグゾーストバルブ開	74° BBDC	59° BBDC
エグゾーストバルブ閉	16° ATDC	13°15' ATDC
点火順序(両エンジンとも)	1-7-5-11-3-9-6-12-2-8-4-10	

330GTC/Sの場合、エンジン冷間時の規定バルブクリアランスは、インテーク側が0.15mm、エグゾースト側が0.2mm。バルブリフターとロッカーアームの間で測定する。
365GTC/Sの場合、エンジン冷間時の規定バルブクリアランスは、インテーク側が0.2mm、エグゾースト側が0.25mm。バルブリフターとロッカーアームの間で測定する。

各種容量(ℓ)

	330GTC/S	365GTC/S
フューエルタンク	90	90
冷却水	12.5	13.0
ウィンドーウォッシャータンク	1.0	1.0
エンジンオイル	10.0	11.0
ギアボックス/ディファレンシャルオイル	4.4	4.4

ギア比

	330GTC/S		365GTC/S	
	ギアボックス	総減速比	ギアボックス	総減速比
1速	3.075:1	10.592:1	3.075:1	10.592:1
2速	2.120:1	7.302:1	2.120:1	7.302:1
3速	1.572:1	5.415:1	1.572:1	5.415:1
4速	1.250:1	4.305:1	1.250:1	4.305:1
5速	0.964:1	3.320:1	0.960:1	3.307:1
リバース	2.670:1	9.197:1	2.670:1	9.197:1
ファイナルドライブ	3.444:1 (9:31)		3.444:1 (9:31)	

主要電装品

	330GTC/S, 365GTC/S
バッテリー	12V, SAFA 6SNS-5, 74Ah またはFiamm 6B5, 75Ah
オルタネーター	Lucas 11AC-N.542-162-50
スターターモーター	Marelli MT21T-1.8/12D9
点火装置	Marelli S85A ディストリビューター2個 Marelli BZR201A イグニッションコイル2個
スパークプラグ	Champion N6Y

生産データ

330GTC：1966～1968年、シャシーナンバー08329～11577、生産台数598台

330GTS：1966～1968年、シャシーナンバー08899～11713、生産台数100台

365GTC：1968～1970年、シャシーナンバー11589～12785、生産台数168台

365GTS：1969年、シャシーナンバー12163～12493、生産台数20台

速比が異なる(3.200ではなく3.444)。すべての330および365GTC/Sモデルとも、エンジンとトランスアクスルはマウントを2個ずつ持ち、強固なトルクチューブで結合される。シャシーナンバー09939以降は、スムーズなシフトと耐久性の向上のために、モリブデン被膜処理のシンクロメッシュリングを使用した。365GTC/Sモデルは、両端にLobro製のCVジョイントを備えたワンピースのハーフシャフトを用いた。

電装品/灯火類

電装系統は12Vのマイナスアースで、74Ahまたは75Ahのバッテリーをエンジンルーム後ろ側の隅、運転席とは反対側の位置に積む。エンジン前部に備わるルーカス製のオルタネーターが、クランクシャフトプーリーから専用のVベルトで駆動される。両モデルとも、スターターモーターはフライホイールベルハウジングの右下に装着され、ソレノイドはその真下に位置する。ツインのエアホーンはノーズ内、ラジエターと電動ファンの前方に取り付けられ、ステアリングホイール中央のホーンボタンで作動する。ヒューズおよびリレーパネルはボンネット下のバルクヘッド上、バッテリーの近くに置かれる。主な電装品の仕様は別掲の表のとおり。

ヘッドランプは1966年中頃まではマーシャル製を使用し、以後はキャレロ製に代わった。そのほかの灯火類はすべてキャレロ製で、両モデルとも全生産期間を通じて変更はない。唯一の仕様差は右ハンドル車用の配光が左寄りのヘッドランプロービームと、フランス向けの車のイエローバルブである。フロントのサイドランプ/ウィンカーは、小さな細長いメッキのハウジングに白いレンズの組み合わせで、左右のバンパーの内側寄りに吊り下げられた。フロントフェンダー側面には、ヘッドランプの中心軸とほぼ同じ高さに涙滴型でオレンジ色のサイドウィンカーが付いた。

リアでは、テールパネルにストップ/テール/ウィンカーの細長いコンビネーションランプを備える。オレンジ色のウィンカー部分がフェンダー側面にかけて少し回り込み、先端は丸みを帯びている。アメリカ仕様では全体を赤いレンズを用いた。コンビネーションランプより内側寄りには、独立したリフレクターが丸い窪みに収まり、縁にはメッキトリムが付く。ナンバープレートランプはメッキ仕上げの細長いユニットで、それがナンバープレートの両側に垂直に取り付けられた。バックラップランプは、バンパー内側の端部の下、オーバーライダーの隣に位置し、シフトレバー保持台座のスイッチと連動して点灯する。365GTC/Sモデルでは、ドアフレームの後端に丸いランプが備わり、ドアが開いた際に点灯して後続車に注意を促す。

サスペンション/ステアリング

フロントおよびリアのサスペンション方式は275シリーズと同じで、不等長のダブルウィッシュボーン(スチールプレス成型品)と、コイルスプリングとダンパーを各輪に用いる。むろん、細かな部分とセッティングはモデルによって多少異なる。ステアリングも同様にウォー

サスペンションセッティング

	330 GTC／S	365 GTC／S
前輪トーイン	−4〜−5mm	−4〜−5mm
前輪キャンバー	0°〜+0°20'	0°〜+0°20'
後輪トーイン	5mm	2〜3mm
後輪キャンバー	−0°50'〜−1°15'	−2°
キャスター角	2°18'15"	2°18'15"
前輪ダンパー	Koni 82P1451	Koni 82P1451
後輪ダンパー	Koni 82N1452	Koni 82N1452

ファクトリーの発行物

1966年
- 1966年モデル全車を収録したカタログ。うち2ページに、330GTCの写真と伊／仏／英語表記の各種諸元を掲載。[ファクトリーの参照番号：07/66]
- 330GTCのオーナーズハンドブック。最初は黄色の表紙、次にベージュ／黒／赤の表紙で再版。[09/66]
- 330GTCのワークショップマニュアル。伊語表記。
- 330GTCのセールスカタログ。[12/66]
- 330GTCのセールスカタログ。[14/66]

1967年
- 1967年モデル全車を収録したカタログ。うち2ページずつ330GTCと330GTSの写真および伊／仏／英語表記の各種諸元を掲載。[11/66]
- 330GTCのセールスカタログ。[12/67]
- 330GTSのセールスカタログ。[14/67]
- 330GTCのメカニカル・スペアパーツカタログ。ベージュ／赤／青の表紙。[16/67]
- 異なるカラーの表紙で、もう2回印刷。1回は同じ16/67の番号、2回めは番号なし。

1968年
- 365GTCのセールスカタログ。[28/68]

1969年
- 1969年モデル全車を収録したカタログ。うち2ページずつ365GTCと365GTSの写真および伊／仏／英語表記の各種諸元を掲載。[27/68]
- 330GTC／Sと365GTC／Sのオーナーズハンドブック。黄／赤／青の表紙で、365GTC／Sについては12ページの追加。[32/69]

ム・ローラー式で、パワーアシストを持たない。回転直径は13.95mである。全モデルで左ハンドル／右ハンドルの両仕様が選べたが、365GTSは左ハンドル車しか造られなかった。

ブレーキ

330GTC／Sモデルでは4輪にガーリング製ディスクブレーキが与えられ、バキュームサーボを備え、それは後部キャブレターのインテークマニフォールドからバキュームの供給を受けた。タンデム型のマスターシリンダーは前後別々のリザーバータンクを持つ。サーボユニットは当初ダンロップ製C84型だったが、1966年12月からボナルディの18172型に代わり、さらに1967年5月、シャシーナンバー09829からマスターシリンダーとサーボが一体型のボナルディ14-18943を採用した。ハンドブレーキは、リアディスクに専用のキャリパーを持ち、遊びはハウジング部で自動調整される。ケーブルの遊びは、キャビン下のアジャスターで調整する。通常使用における推奨パッドはフェロードDS11、ハンドブレーキはVBO-8073/R。

365GTC／Sモデルも全体的な構成としては、330ときわめて似かよったブレーキシステムを備えるが、ATE製L38KN型キャリパーとディスク、テクスター製Y1431Gパッドを使う点が異なる。またバキュームサーボはボナルディZ3-5型で、リアブレーキ回路にプロポーショニングバルブを備え、リアディスクのドラム部にEnergit 338型ブレーキシューを組み合わせてハンドブレーキをドラム式とした。ペダル類は両モデルとも吊り下げ式で、275シリーズと同様な方法でペダルのパッド部の高さが調整可能である。

ホイール／タイア

両モデルとも、ボラーニ製10穴、7L×14インチ、シルバーの塗装にクリア仕上げの軽合金ホイールを標準装備。後期型275GTBと275GTB/4と同様に、スプラインが切られたハブにセンターナットで固定する。同サイズで、ポリッシュアルミリムのボラーニ製ワイアホイールはオプション。このワイアホイール用のセンターナットは、角度の付いた耳を3本持ち、中央にはボラーニの刻印がある。それに対して軽合金ホイールでは、耳が真っ直ぐで、中央にカヴァリーノ・ランパンテが刻まれたセンターナットを用いた。スペアホイールはトランクルーム内、左右に分かれたフューエルタンクの間に水平に収まり、その上を脱着可能なカバーが塞ぐ。標準仕様のタイアについては別表のとおりである。

フェラーリに装着されたボラーニ製ワイアホイールの多くは、センターナットの中央にカヴァリーノ・ランパンテのマークを刻むが、この330GTCのようにボラーニの"手"の形をしたロゴが付いたものもある。

ホイール／タイア

ホイール前後	7L×14 軽合金鋳造ホイール オプション：Borrani ワイアホイール（軽合金リム）RW4039型
タイア前後	
330 GTC／S	Pirelli HS 210-14 またはDunlop SP 205HR-14
365 GTC／S	Firestone Cavallino 205VR-14

識別プレート

1. モデル型式、エンジン型式、シャシーナンバーを打刻した識別プレートを、エンジンルームのフロントパネルに装着。その下にエンジンオイルを表示したプレートを装着（330GTC／Sでは右側、365GTC／Sでは左側）。
2. シャシーナンバーをフロントサスペンション取り付けポイント付近のフレームに打刻。
3. エンジンナンバーをベルハウジング付近の右後部のブロックに打刻。

330GTSと365GTCの識別プレート。インナーフェンダーパネルに留められ、モデル型式、エンジン型式、シャシーナンバーが打刻された。

Chapter 7
365 GT 2+2

　365GT 2+2は330GT 2+2の後継モデルとして1967年のパリサロンで発表された。その先代モデルと同様、365GT 2+2も、トリノのピニンファリーナで製作したボディをマラネロのフェラーリに運び、そこでメカニカルコンポーネンツを搭載した。これら2モデルともホイールベースは2650mmと同じだが、新しい365GT 2+2の方が幅が広く、トレッドはフロントが90mm、リアが69mm、それぞれ拡大した。前後のオーバーハングが増えたことで、全長も134mm長くなった。同時代の跳ね馬の仲間に比べて格段に違うその大きさゆえに、365GT 2+2は英語圏のフェラーリ愛好者の間で"クイーンメリー号"という愛称で呼ばれた。

　当時、ほかのフェラーリはすでにギアボックスとディファレンシャルが一体のトランスアクスルを備えていたが、365GT 2+2は従来型の5段ギアボックスをエンジンに装着した。ただし、このギアボックスはディファレンシャルケースとトルクチューブで連結される。また、先代モデルとは異なり、リアサスペンションは独立式を採用した。

　全体的なボディラインは500スーパーファストに似ているが、キャビンはもっと大きく、ほとんど3ボックスに近い構成を持つ。500スーパーファストのように、ルーフから、すっきりとしたカムテールへと繋がるなめらかなラインは見あたらない。このモデルにはふたつの"フェラーリ初"がある。量産モデルとして初のパワーステアリングの標準装備と、荷重の大小にかかわらず一定の車高を維持する油圧式セルフレベリング・リアサスペンションの採用である。そしてさらにパワーウィンドー、同じく電動で開閉する三角窓、ラジオと電動アンテナを標準で備え、オプションにエアコンが用意された365GT 2+2は、これまでで最も豪華な装備を持つフェラーリといえよう。

　標準のホイールは軽合金の鋳造品で、当初は同時期の275GTB/4と365GTC/Sモデルと同じ小さな四角い穴のあいたデザインのホイールを履いた（ただしサイズは15インチ）。固定方法はセンターナットである。生産後期の車では、365GTB/4に1968年から使われていた5本スポークの星型パターンに代わった。ボラーニのアルミリム・ワイアホイールはオプションとして最後まで残った。生産終了は1971年初めで、それから365GT4 2+2が登場する72年10月までの間、フェラーリは2+2モデルをラインナップに持たなかった。330GT 2+2で特別な顧

側面から見ると、なぜこの車が"クリーンメリー号"というニックネームで呼ばれたか、わかるような気がする。ボディは低く、なだらかな曲線を描くが、全長は5m近い。このアメリカ仕様車（全体がオレンジ色のサイドランプ／ウィンカーレンズに注目）はオプションのボラーニ製ワイアホイールを装着している。後期のアメリカ仕様では、リアフェンダーにオレンジ色の小さなサイドマーカーランプが付いた。

ノーズの形状は500スーパーファストに似ているが、365GT 2+2は大型のサイドランプ／ウィンカーユニット（破損しやすい）が組み込まれた厚ぼったいバンパーを備える。キャビンとテール部分の輪郭はピニンファリーナ330GTCスペチアーレ（116ページ参照）から発展したものだ。ただし、リアウィンドーの形状は大きく異なる。

客向けに試験的に製作されたオートマチックトランスミッションがあり、それを搭載した車が4台造られたといわれる。しかし、フェラーリの車にオプションとしてオートマチックが用意されるのは、1976年の400シリーズが登場してからのことだ。

ボディ／シャシー

365GT 2+2のシャシー、ティーポ591はホイールベースが2650mmで、同時期のフェラーリに共通する構造を持つ。このシャシーは330GT 2+2から派生したものだが、独立式サスペンションを装着するために後部セクションに違いがあるほか、フロントクロスメンバーが強化されている。前述のようにどちらもホイールベースは同じだが、トレッドは365の方が広く、フロントが1438mm、リアが1468mmである。フロアパン、ペダルボックス、バルクヘッドはグラスファイバー製で、シャシーフレームに接着されている。シャシーの仕上げは光沢のある黒い塗装だ。

365GT 2+2のボディには先代モデルにあたる330との共通点がない。それよりも、500スーパーファストや同時期の365GTCに似ている。だがテールの処理は独特なもので、1960年代初期の250GT 2+2に似ていなくもない。このボディはスチールパネルの溶接で造られ、ボンネットとトランクリッドがアルミ製だ。ボンネットの後ろ隅にルーバーを備える365GTCとは異なり、365GT 2+2はそれがボンネット後端の両脇、フロントフェンダーの上面に移った。ラジエターグリルの形は365GTCに似ている。フロントに左右に分かれたバンパーが付く点

寸法／重量

全長	4974mm
全幅	1786mm
全高	1345mm
ホイールベース	2650mm
トレッド前	1438mm
トレッド後	1468mm
乾燥重量	1580kg

365 GT 2+2

右：フロントフェンダー上面に設けられたエンジンルーム内の熱を逃がすためのルーバー。
右下：左側リアフェンダーに付いたフューエルフィラーリッドと、キャップ。

もGTCと同じだが、2+2ではサイドランプ／ウィンカーがその前面に内蔵された。リアバンパーは横幅いっぱいの一体型で、ラバーの付いた垂直型のオーバーライダーが備わる。後部ランプはまったく新しいデザインで、メッキの細長いプレートと3連の丸いレンズが特徴的だ。

外装／ボディトリム

365GT 2+2のフロントには、幅が広く奥行きの浅い楕円形のラジエターグリルが突き出し、開口部の内側にはアルミの縁取りがあり、中央には跳ね馬のマークが付いた。左右分割式のバンパーはメッキ仕上げのスチール製で、内側の端部はラジエターグリルに少し食い込み、前面に大型のサイドランプ／ウィンカーを内蔵。外側の端部付近に楕円形のサイドウィンカーを備える。リアはメッキ仕上げスチール製のバンパーが横幅いっぱいに広がり、フェンダー側面まで回り込んでいる。上記のとおり、リアにはオーバーライダーが付いた。ノーズパネルの中央には、むろんエナメル製のフェラーリ・エンブレムが装着された。トランクリッドの後部を飾るのはフェラーリの文字のバッジ（メッキ）だ。そしてピニンファリーナの細長いバッジとエナメル製の紋章のバッジは、フロントホイールアーチの後方、フェンダー下側に取り付けられた。

ボンネットはほぼ平らで、ヒンジは前側に位置し、開いた状態では左側前部に付いたステーで保持する。左ハンドル／右ハンドル仕様車を問わず、フューエルフィラーリッドはすべてリアフェンダーの左側に位置する。初期の車は、パースペックス製のヘッドランプカバーがトリムリングなしでネジ留めされた。アメリカでヘッドランプカバーの装着が認められなくなると、このカバーはすべての仕様で廃止となった。

メッキバンパーを除けば光り物の類は少ない。前後ウィンドーガラスおよびドアガラスのまわりのメッキトリム、ヘッドランプのごく細いリム、ウィンドワイパーアームとブレードの枠、後部ランプの台座となる細長いメッキプレート、矢じりの形をしたドアハンドル（前部が引き手で、後部がキーロック）などである。トランクを開くには、後席左側のトリムパネルに備わるメッキのレバー（ロック可能）を操作する。その隣にある同様のレバーはフューエルフィラー用だ。

ガラス類はすべて無着色で、フロントウィンドーには合わせガラスを採用。2段スピード式のワイパーは通常、左ハンドル車では右側、右ハンドル車では左側に停止する。ドアはパワーウィンドーを装備し、三角窓も電動で開閉する。いずれもスイッチはセンターコンソールに付いた。リアウィンドーは熱線入りで、センタコンソールのスイッチで操作し、タコメーター内にその警告灯が位置する。

塗装

275GTBおよび365GTB/4モデルの章で述べたとおり、当時のフェラーリではきわめて多種類の塗色が用意され、同じ説明が365GT 2+2にもあてはまる。このモデルはピニンファリーナで製作されたため、PPGあるいはデューコ社製のペイントが使われているはずである。275GTBおよび365GTB/4の章に、生産時期に応じた塗色のリストを示した。

内装／室内トリム

標準の内装は総革張りである。その色のバリエーションについては、生産時期に応じて275GTB（1969年中頃までの生産車）または365GTB/4（それ以降の生産車）の章の一覧表を参照されたい。フロントシートはクッション下のレバーで調整が可能で、バックレストも基部のレバーで角度を調整できる。後席に出入りするには、このバックレストを前に倒す。リアシートは中央に、前席と同様の張り地のアームレストを持ち、バックレストは事実上、左右に分かれている。後席脇のトリムパネルには小物入れが付いた。各シートは前後とも、固定式／3点式シートベルトを備える。

アームレストはドアグリップと一体型で、前部が上に折れ曲がった形で、前端の上方のドアパネルにメッキのドアレバーが付いた。このアームレストは通常、ドア上側のパネルと同じ黒いビニール、またはシート張り地と同じである。アームレストの前方には丸いプラグで塞がれた穴があり、パワーウィンドーの故障時には、ここに応急用ハンドルを差し込んで開閉する。パワーウィンドーのスイッチはセンターコンソール上、シフトレバーと灰皿の間に並ぶ。ドアトリムの下側、およびサイドシルのドアとの接触面には、ポリッシュアルミの細長い保護プレートが張られた。

ボディ／内装カラー

ボディ、本革、カーペットのカラーについては、275GTBの章（1969年中頃までの車）、または365GTB/4の章（それ以降の車）の表を参照。

フロアと、後席真下の垂直なパネルはカーペット張りで、運転席と助手席の足元部分は黒いラバーマットとなっている。カーペットの色については、生産時期に応じて275GTBまたは365GTB/4（32または89ページ）を参照。バルクヘッドの中央部分は灰色のビニール張りで、センタートンネル／コンソール、前後ホイールアーチの内側、ダッシュボードの上面および下面はビニールと革の混成である。ダッシュボード上面は黒、ほかのパネルは黒またはシート張り地と同色。天井の内張りは無地のアイボリー色のビニールで、その周囲のフレームも同じ張り地だ。リアパーセルシェルフには黒いビニール、または内装と同じ張り地を用いた。

　両側に装着されたサンバイザーはビニール張りで、助手席側のバイザーはバニティーミラー付きだ。防眩型のルームミラーが、同じくフロントウィンドーのフレーム上部に備わる。

　シフトレバーはメッキ仕上げで、頭部に黒いプラスチック製ノブが付き、センターコンソール中央のメッキのリングから伸びた革製のブーツが下側を覆う。アメリカ仕様と後期のヨーロッパ仕様車は、ノブの上面にシフトパターンの刻みがある。シフトレバーの後方には、パワーウィンドーのスイッチが2個ずつ2列に並び、さらに灰皿が続く。センターコンソールの後部は小物入れトレイとなっており、その前端と後端にはシガーライターが備わる。センタートンネルの脇、運転席側には、メッキ仕上げで革製のブーツが付いたハンドブレーキレバーが突き出た。

　ダッシュボードの下、外側寄りにはボンネットオープナーが位置し、その隣には緊急用プルリングがある。ステアリングコラムの内側寄りには、チョークレバーが吊り下げられた。リアサイドウィンドーの上方、ルーフフレームには左右1個ずつルームランプが装着され、ドアの開閉によって自動的に、あるいはロッカースイッチの操作で個別に点灯する。リアピラーの基部には通気口が設けられ、外側にはリアサイドウィンドーの後ろに黒いルーバーが付いた。サイドウィンドー（前側にヒンジが付き、留め金部分で開閉可能）を少し開けば、さらに換気することもできる。

上：ダッシュボードはセンターコンソールと一体のデザインで、助手席側に独立したようなかたちでグローブボックスが備わる。シフトレバー後方のスイッチはパワーウィンドーと同様に電動で開閉する三角窓用。
左：中央に並ぶ補助計器と、ヒーター／ベンチレーション調節用レバー、そしてスイッチ類。

365 GT 2+2

ダッシュボード／計器類

365GT 2+2はダッシュボードとセンターコンソールが一体型で、コンソール側面の両縁がダッシュボード上面まで繋がっている。ドライバーの正面には楕円形のメーターナセルが独立し、中にスピードメーターとタコメーターが収まる。そのふたつの間に油温計と油圧計、下に水温計が並ぶ。この三角形の配列は365GTCとほぼ同じだが、こちらの方がコンパクトにまとまっている。水温計の斜め下にはトリップメーターのリセットボタンと、計器照明の調光ツマミが付く。スピードメーターの文字盤にはオドメーターとトリップメーター、そして赤のウィンカーインジケーターと緑のサイドランプ点灯警告灯を内蔵。タコメーターにはチョーク、リアウィンドー熱線、ヘッドランプハイビーム、電磁式フューエルポンプ、そしてブレーキ警告灯が組み込まれた。ブレーキ警告灯はハンドブレーキを引いた状態、ストップランプの球切れ、前後どちらかのブレーキ回路の油圧低下、以上3つのいずれかの場合に点灯する。センターコンソールの垂直なパネル部分はダッシュボードの中央パネルと一体で、そこに以下の補助計器類が収まる。燃料計（残量警告灯付き）、時計、アンメーター。計器類はすべて黒い文字盤に白で表示される。

3連の補助計器の両側には、垂直にスライドするレバーがある。1本は助手席側へのエア吹き出し向きを（ダッシュボード上面の丸いデフロスター吹き出し口、あるいはセンターコンソール脇の下吹き出し口に）切り替える。もう1本は助手席側のヒーターを調節する。同様なレバーが2本、運転席側の端にあり、同じ機能を果たす。

センターコンソールの下半分には7個のスイッチが並ぶ。左から順に、イグニッション、電磁式フューエルポンプ、左側ベンチレーションファン、リアウィンドー熱線、右側ベンチレーションファン、ルームランプ、ハザードフラッシャー（または予備、仕向け地によって異なる）である。これらのスイッチの下にラジオが収まり、その下にエアコン（オプション）用の3つの丸い吹き出し口が備わる。ダッシュボードの助手席側にはグローブボックスがあり、そのキーロックがセンターコンソールの右上端に位置する。

メーターナセルの周囲、ダッシュボードの上面と下面、グローブボックスの蓋はすべて黒いビニール張りだ。メーターナセルのパネル、運転席側のダッシュボード化粧パネル、センターコンソールパネルはチークのベニヤ張りである。

ステアリングホイールはウッドリムと、縁に溝の付いたアルミ製スポークおよびアルミ製ボスの組み合わせである。真ん中が黄色、周囲が黒のプラスチック製ホーンボタンの中央には、むろんカヴァリーノ・ランパンテのマークが入る。365GT 2+2は、ウッドリムのステアリングを標準で装備した最後のフェラーリとなった。ステアリングコラムの左側から突き出たレバー（メッキで、先端に黒いプラスチックノブが付く）は2本で、1本がウィンカー用で、もう1本がサイドランプとヘッドランプの点灯、ハイ／ロービーム切り替え、パッシング用である。右側のレバーは1本で、ウィンドーワイパーおよびウォッシャー用。キー式のイグニッション／スタータースイッチはステアリングロック内蔵型で、それがダッシュボードのステアリングコラム右側に位置する（左ハンドル／右ハンドル仕様車を問わず）。

トランク

トランクの床下は、スペアホイールの入る窪みを挟んで左右に1個ずつフューエルタンクが収まる。タンクはアルミ製で、表面はグラスファイバーを吹き付けたもの。容量は112ℓ。フューエルフィラーキャップは左側リアフェンダーに位置し、上にリッドが付く。リッドのオープナーは後席左側のトリムパネルに位置し、オープナーの故障時に使う非常用引き手がトランク内の左側に設けられている。後期のアメリカ仕様では、排ガス規制に適合させるため燃料蒸発ガス排出抑制装置を備える（詳細については365GTB/4の章を参照）。

トランクの床面と側面は黒いカーペット張りで、金属部分はすべて艶のある塗装仕上げだ。天井部分に設置された照明は、トランクリッドのスイッチプレートと連動して、トランクを開くと点灯する。トランクオープナーはフューエルフィラー・オープナーの隣（後席左側のトリムパネル）にあり、ロック可能である。リッドは自立式のステーを持つ。

エンジン

365GT 2+2のエンジン（ティーポ245）は排気量4390ccのウェットサンプ式60°V12で、シリンダー片バンクあたり1本のオーバーヘッドカムシャフトを備える。最高出力は320bhp／6000rpm、最大トルクは37mkg／5000rpm。このユニットの燃料系統はすべてウェバー40DFI/5キャブレター3基と、フィスパSup150機械式フューエルポンプ、ベンディックス476087電磁式ポンプ（補助用）を採用した。モデルの仕様差による細かい違いを除けば、部品構成、材質、作動原理などは365GTC／Sのエンジンと同一だ。各バンク1本のカムシャフト、すなわち2カムシャフトのエンジンを最後に採用したフェラーリはその365GTC／Bだが、それを搭載した最後の生産モデルは365GT 2+2である。その生産が365GTCより1年長く続いたからだ。

365GT 2+2に積まれたエンジンは、アメリカ市場向けにふたつの排ガス浄化装置を備えた。ひとつはエンジン温度に応じてアイドル回転数を調整するファストアイドル機構である。これはエンジンの油温に対応して作動するバルブが、カムを介してスロットルロッドのレバーを動かす仕組みだ。さらに別なカムによってスロットルリンケージとマイクロスイッチが結ばれ、エンジン回転

車載工具

- シザーズ型ジャッキ（ラチェットハンドル付き）
- スパークプラグレンチ
- プラスドライバー（直径〜4mm用）
- プラスドライバー（7〜9mm用）
- マイナスドライバー
- ロングプライヤー（190mm）
- スパナ（10×11mm、13×14mm）
- オイルフィルターレンチ
- フロントハブ・エキストラクター
- リアハブ・エキストラクター
- 鉛製ハンマー
- 輪止め
- オルタネーター用ベルト
- エアコン用ベルト
- ウォーターポンプ用ベルト
- 予備の電球およびヒューズのケース（6個の電球と4個のヒューズ入り）
- グリスガン延長チューブ
- 三角表示板

数が3000rpm以下の時はディストリビューター内に2個組み込まれたコンタクトブレーカーを低回転用に切り替えて、点火を遅角させる機構も付属する。そして、アメリカ仕様に装備されたもうひとつの排ガス浄化装置が、未燃焼のガスの排出を最小限に抑えるエアインジェクションシステムである。具体的な仕組みは、オルタネータープーリーからVベルトで駆動されるエアポンプから各シリンダーのエグゾーストマニフォールドにエアを噴射するものだ。これは低回転時にのみ作動し、エンジン回転数が3100rpmに達すると電磁式クラッチの働きでポンプは駆動力を断たれる。このシステム装着車では、機器やブラケット類を取り付けるための突起が追加された特別なカムシャフトカバーを使用する。アメリカ仕様車では点火系統にセミトランジスター式を採用、ほかの仕向け地とは異なるディストリビューター（マレリS138B）と、マレリDinoplex AEC101EA点火ユニットを各バンクに1個ずつ備える。この点火ユニットが故障した場合には、応急用スイッチによって回路はバイパスされ、通常のポイント式点火が行われる。

オプションのエアコンを装備した車では、2本の専用ベルトでクランクシャフトプーリーから駆動されるコンプレッサーが、タイミングチェーンケースの右下前方に装着され、コンデンサーがラジエター前方のブラケットに付いた。エバポレーターは、センターコンソールの吹き出し口の裏側に位置し、吹き出し口の中央にコントロ

エンジン

形式	60°V12
型式	245
排気量	4390cc
ボア・ストローク	81×71mm
圧縮比	8.8:1
最高出力	320bhp／6600rpm
最大トルク	37mkg／5000rpm
キャブレター	ウェバー40DFI/5　3基

タイミングデータ

インテークバルブ開	13°15′BTDC
インテークバルブ閉	59°ABDC
エグゾーストバルブ開	59°BBDC
エグゾーストバルブ閉	13°15′ATDC
点火順序	1-7-5-11-3-9-6-12-2-8-4-10

エンジン冷間時の規定バルブクリアランスは、インテーク側が0.2mm、エグゾースト側が0.25mm。バルブリフターとロッカーアームの間で測定する。

各種容量（ℓ）

フューエルタンク	112
冷却水	13.0
ウィンドーウォッシャータンク	1.0
エンジンオイル	10.75
ギアボックスオイル	5.0
ディファレンシャルオイル	2.5

4.4ℓエンジンの上部は、スチールプレス成型の大型エアクリーナーボックスとインテークダクトに隠れて、ほとんど見えない。カムシャフトカバーの前部に点火順序を示すプレートがある。右側のインナーフェンダーパネルに見えるビニールのバッグは、ウィンドーウォッシャー液のタンク。カムカバーの表面は黒い縮み模様塗装で、フェラーリの文字が浮き出ている。

365 GT 2+2

ール用のツマミが付いた。

油圧は油温120℃、6600rpmにおいて4.5kg/cm²が基準値で、同条件で4kg/cm²が最低限度。低回転（700〜800rpm）では1.0〜1.5kg/cm²が最低限度。オイルクーラーは365GTC／Sと同様、ラジエターと一体型である。

トランスミッション

同時期のほかのフロントエンジン・フェラーリがすべてトランスアクスルを採用したのに対し、365GT 2+2は従来型のアルミ製ギアボックスをエンジンのベルハウジング後部に装着する。しかしトランスアクスル装備車の技術は、部分的にこのモデルにも投入されている。すなわち、ギアボックスとディファレンシャルケースがトランスアクスル車と同様なトルクチューブで連結され、その中にユニバーサルジョイントを持たないプロペラシャフトが通っているのだ。これによりエンジンとギアボックス、プロペラシャフト、ディファレンシャルがひとつのユニットとなった。また365GT 2+2は、フェラーリの2+2モデルとして初めてリアに独立式サスペンションを採用した。

ギアボックスはフルシンクロの5段ユニット。クラッチは乾式単板、ボーグ＆ベック製のダイアフラムスプリング型である。クラッチはケーブルを介して操作され、ペダル部分には踏力を軽減するヘルパースプリングが付いた。

ギアボックスケースは2分割で、前部メインケースにローラーベアリングに支持されたプライマリーおよびセカンダリーシャフトと、リバースギアのアイドラーシャフトが収まる。ギアボックスのフィラー兼レベルプラグは前部左側に、ドレンプラグは下側左後ろの隅に位置する。ケース上面には2枚のカバーがあり、前後のケースにまたがるかたちで取り付けられた後ろ側のカバーがシフトレバーの支持台座となる。シフトレバーは後部ケース内で3本のフォークシャフトのいずれかと噛み合い、そのシャフトに取り付けられたシフトフォークが前部ケース内のギアを動かして、変速が行われる。ギアボックス用オイルポンプ（およびメッシュスクリーン）は後部ケースの下側に内蔵され、セカンダリーシャフトの延長シャフトから駆動力を得る。シフトレバー支持台座の前面には、オイルプレッシャーリリーフバルブが組み込まれた。前後ケースの合わせ目付近の左側上部には、バックアップランプスイッチをねじ込む穴がある。スピードメーターケーブルの取り出し口は後部ケースに位置する。ギアボックスの前後方向の動きを支えるため、後部ケースの下側にボスを設け、そのボスとシャシーフレームの間をトルクロッドで結んでいる。

シフトパターンは1〜4速がHパターンを形成し（左前方が1速、左後方が2速、右前方が3速、右後方が4速）、5速がHパターンのさらに右前方（3速の隣）、リバースがその後方（4速の隣）である。シャシーナンバ

ファクトリーの発行物

1967年
● 365GT 2+2のセールスカタログ。[ファクトリーの参照番号：19/67]

1968年
● 365GT 2+2のセールスカタログ。[19/68]
● 365GT 2+2のメカニカル・スペアパーツカタログ。参照番号［23/68］黒／白／オレンジ色の表紙。その後、排ガス浄化装置に関する情報を追加して再発行。
● 365GT 2+2のオーナーズハンドブック。[24/68] 黒／白／オレンジ色の表紙。黒／白の表紙で再版。

1969年
● 1969年モデル全車を収録したカタログ。うち2ページに、365GT 2+2の写真と伊／仏／英語表記の各種諸元を掲載。[27/68]
● シャシーナンバー12811以降の365GT 2+2のメカニカル・スペアパーツカタログ。灰／白／赤の表紙。[35/69] 黒／白／赤の表紙で再版。

ギア比

	ギアボックス	総減速比
1速	2.536:1	10.778:1
2速	1.701:1	7.229:1
3速	1.256:1	5.338:1
4速	1.000:1	4.250:1
5速	0.790:1	3.357:1
リバース	3.218:1	13.676:1
ファイナルドライブ	4.250:1 (8:34)	

ー11799以降は、シフトノブにシフトパターンが白い数字で刻まれた。

駆動力は、ギアボックスからトルクチューブ内を通るプロペラシャフトを経て、ディファレンシャルへと伝わる。トルクチューブの中間地点にはベアリングが設けられた。ディファレンシャルはZF製のリミテッドスリップ・ディファレンシャルで、ケース前部の両側にラバーマウントが付く。このふたつのマウントと、エンジンブロック側の同様なマウント2個の計4個で、エンジン、ギアボックス、ディファレンシャルがひとつの強固なユニットとしてシャシーに搭載される。ディファレンシャルケースは後面にオイルフィラープラグとドレンプラグを持つ。フランジを介して接続されるハーフシャフトは、メインテナンスフリーのLobro製スライディングCVジョイントを採用した。

電装品／灯火類

電装系統は12Vのマイナスアースで、エンジンルームの後ろ端、ドライバーとは反対側に容量74Ahのバッテリーを積む。ルーカス製オルタネーターはエンジン前面に位置し、クランクシャフトプーリーからVベルトで駆動される。スターターモーターはフライホイールベルハウジングの下側の右に取り付けられ、その真下にソレノイドが一体型となっている。エアホーンは2連で、それをエンジンルーム内、インナーフェンダーパネルに装着。主な電装品の使用については別表を参照されたい。ヒューズおよびリレーのパネルはバルクヘッドに備わる。

灯火類はすべてキャレロ製で、全生産期間を通じて変更はない。わずかに異なるのは、右ハンドル仕様車の配光が左寄りのヘッドランプロービームと、フランス仕様車のヘッドランプ・イエローバルブ、フロントサイドランプ／ウィンカーのレンズの色、そして後期のアメリカ仕様車に法律で装着が必要となったオレンジ色のリアサイドマーカーランプである。フロントのサイドランプ／ウィンカーは左右分割式のバンパーの前面に収まる。同じバンパー外側の端に付いたオレンジ色の小さなサイドウィンカーは、後期のアメリカ仕様ではサイドマーカーランプとなった。ドアフレームの後端にはドアが開いた際に後続車に注意を促すランプが備わる。

テールでは左右にメッキ仕上げの長方形のハウジングが装着され、そこに丸いレンズが3連に並ぶ。外側に位

主要電装品	
バッテリー	12V, SAFA 65SNS, 74Ah
オルタネーター	Marelli 50.35.014.1
スターターモーター	Marelli MT21T-1.8/12D9
点火装置	MarelliS85A ディストリビューター2個 (US仕様はS138A), Marelli BZR201/A イグニッションコイル2個
スパークプラグ	Champion N6Y

上：フロントバンパーに埋め込み型のサイドランプ／ウィンカーは、365GT 2+2だけの特徴である。パースペック製のヘッドランプカバーは後期モデルでは省かれた。

右：長方形のメッキハウジングに並ぶ3連レンズの後部ランプは、330GTCスペチアーレに影響を受けたものだ。

置するレンズがオレンジ色（アメリカ仕様では赤）のウィンカーで、その隣がストップ／テールランプ、内側がリフレクターである。ナンバープレートを照らすのは、バンパー上部に付いた細長いメッキハウジングに収まる2個のバルブだ。バンパーの下、中央に取り付けられたバックアップランプは、ギアボックスに装着のスイッチと連動して点灯する。リアフェンダーにはラジオ用電動アンテナが備わり、ラジオのオン／オフに応じて自動的に伸縮する。

サスペンション／ステアリング

フロントの独立式サスペンションは330GT 2+2とほぼ同じ構成で、不等長のダブルウィッシュボーン（鍛造スチール製）と、コイルスプリングおよび油圧式ダンパーを用いる。コイルスプリングは筒状のブラケットを介してロワーウィッシュボーンに、ダンパーはアッパーウィッシュボーンに取り付けられた。シャシー側にはバンプラバーが付き、左右のロワーウィッシュボーンを結ぶスタビライザーが備わる。

365GT 2+2の独立式リアサスペンションは、フェラーリとして初のセルフレベリング機能を持つ。サスペンションの基本構成は、不等長のダブルウィッシュボーン（スチールの鍛造およびプレス成型品の組み合わせ）である。ハブキャリアの後方に一般的なコイルスプリングとダンパー、前方にコニ製4454-04型油圧式セルフレベリングユニットを備える。両者ともロワーウィッシュボーンとシャシーの間に取り付けられた。セルフレベリングユニットは車の走行速度、荷重、路面状況にかかわらず一定の車高を維持する。フロントと同様、左右のロワーウィッシュボーンはスタビライザーで結ばれた。

ステアリングナックルは鍛鋼の削り出しで、そのスピンドルを軸にローラーベアリングを持つハブとブレーキディスクが回る。リアのハブキャリアは鋳鋼を機械加工したもので、その中をローラーベアリングで支持されたハブシャフトが通る。

365GT 2+2はフェラーリの量産ロードカーとして初めてパワーステアリングを標準で装備した車である。リザーバータンクとレベルゲージ付きキャップを備えた油圧ポンプがタイミングチェーンケースの上部に取り付けられ、オルタネータープーリーからVベルトで駆動される。このパワーステアリング用油圧回路はエンジンルームの前部にオイルクーラーを持つ。ステアリングギアボックスはシャシーのフロントクロスメンバーに位置し、ステアリングコラム下端とユニバーサルジョイントを介して連結される。

回転直径は13.6m。全生産期間を通じて、左ハンドル／右ハンドルの両仕様が選べた。

ブレーキ

365GT 2+2のブレーキ系統は先代にあたる330GT 2+2に比べると大幅な進歩が見られ、前後とも鋳鉄製ベンチレーテッドディスクを備える。バキュームサーボ、タンデム型のマスターシリンダー、前後別々のブレーキ油圧回路とリザーバータンク、ブレーキ力をフロントと

サスペンションセッティング	
前輪トーイン	0〜−3mm
前輪キャンバー	+1°
後輪トーイン	なし
後輪キャンバー	0°50'〜−1°15'
キャスター角	2°30'
前輪ダンパー	Koni OFF1299
後輪ダンパー	Koni 82N1573 ＋セルフレベリングユニット（当初はKoni 4454-04、1969年に7100-1004型に変更）

365 GT 2+2

リアでバランスさせるプロポショーニングバルブを持つ。前後どちらかの回路で油圧が下がると、ダッシュボードの警告灯が点灯する。シャシーナンバー118013以降の車はバキュームサーボがボナルディZ4型となり、リザーバータンクにも変更があったが、それ以外の基本構成に変わりはない。通常の使用条件における推奨のブレーキパッドはフェロード製2426 Fである。

ハンドブレーキはセンタートンネルの運転席脇から突き出たフロア設置型で、ロッドとケーブルによるリンケージを介してリアディスクに設けられた専用のパッドを作動させる。シャシナンバー118013以降、リンケージはすべてケーブルを用いたものに代わった（ハンドブレーキレバーから伸びたメインケーブルと、左右のリアホイールに通じる2本のケーブルが中央で連結された）。

ペダルは吊り下げ式で、275シリーズと同様、ペダルパッドの根元に高さ調整機構を持つ。ストップランプはペダルアームの動きがスイッチに伝えられて点灯する。

ホイール／タイア

ホイールは大多数の車で、10穴デザインのボラーニ製7.5×15インチ軽合金ホイールが標準装備であった。仕上げはシルバーの上に透明なラッカー塗装、固定方法はセンターロック式であり、サイズ以外は365GTC／Sとほぼ同様なホイールだ。生産末期には、365GTB/4のものと似た5本スポークの軽合金ホイールを履いた。同サイズのボラーニ製ワイヤホイール（アルミポリッシュリム）がオプション。このワイヤホイール用のハブスピンナーは通常、3本の耳に角度が付き、中央にボラーニのマークが刻まれる。それに対して標準の軽合金ホイールでは、耳が真っ直ぐで、中央のマークはカヴァリーノ・ランパンテである。

スペアホイールはトランク内、2個のフューエルタンクの間に設けられた窪みに水平に収まり、その上をカバーパネルが覆う。

トランク床面の窪みに収まるスペアホイール。標準で備わる軽合金ホイールの裏面の形状がよくわかる。強度を増し、放熱性を向上させるためのリブが設けられている。

ホイール／タイア

ホイール前後	7½×15 軽合金鋳造ホイール オプション：Borrani RW4075型ワイヤホイール（軽合金リム）
タイア前後	Michelin 200VR-15 X Firestone Cavallino 205-15

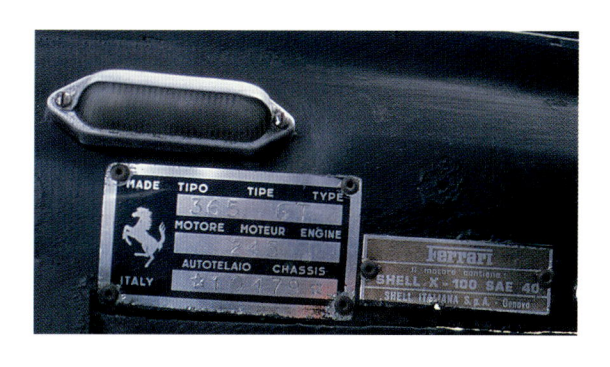

車両型式、エンジン型式、シャシーナンバーが打刻されたプレートがインナーフェンダーパネルに付く。その隣は指定エンジンオイルを示すプレート。上はエンジンルームの照明。

識別プレート

1. シャシーナンバーをフレームの前部サスペンションスプリング取り付け部の上に打刻。2. エンジンナンバーを右後部のブロックに打刻。3. 車両型式／エンジン型式／シャシーナンバー型式を打刻したプレートをエンジンルームのフロントパネルに装着。

生産データ

1967〜1971年
シャシーナンバー：11051〜14099、生産台数：800台

Chapter 8
365 GTB/4 & 365 GTS/4

　ピニンファリーナがデザインした365GTB/4は1968年のパリサロンで発表され、フェラーリ初の生産型4.4ℓ、4カムシャフトエンジンを搭載し、3.3ℓの275GTB/4の後継モデルとしてフェラーリのラインナップ中、最高の性能を誇った。先代モデルと同様、5段トランスアクスルと独立式リアサスペンションを備え、モデナのスカリエッティで製作された。

　何台か造られたプロトタイプのうちの2台、シャシーナンバー10287と11001は、275GTB/4に似たフロントデザインを持つ。前者は1気筒あたり3バルブで、平らなシリンダーヘッドにヘッド部が窪んだピストンを組み合わせた実験的なエンジンを搭載。後者は275GTB/4の3.3ℓユニットを積んでいた。最終的な生産モデルでは、幅の広い、角張ったクサビ型のノーズが与えられた。ヘッドランプはツインで、それが横いっぱいに広がったプレクシガラス製パネルの下に収まり、その隣にフェンダー側面まで一部回り込んだサイドランプ/ウィンカーアセンブリーが付いた。ホイールベースは275GTB/4と同じだが、前後のトレッドが広く、長く平らなボンネットを持つ365GTB/4の方が大柄に見える。

　このモデルはフェラーリの愛好者およびジャーナリストの間では"デイトナ"という名で呼ばれることが多い。フェラーリが1967年のデイトナ24時間で1－2－3フィニッシュを飾った快挙に敬意を表して、そう名付けられたものだ。この非公式な名前が定着した理由は、おそらく365GTB/4よりも口にしやすく、覚えやすいからであろう。元々フェラーリがこのモデルをデイトナと呼ぶ予定だったのが事前に外部に漏れ、それで不採用となったという未確認の噂もある。365GTB/4という公式モデル名は、1気筒あたりの排気量と、歴代ベルリネッタが受け継いできた名称、そしてカムシャフトの数に由来する。

　365GTB/4は当初、275GTB/4の後継として当時開発

365GTB/4のプロトタイプ（シャシーナンバー11001）のノーズデザインには、明らかに前身の275GTB/4の影響が認められる。だが、テールには、最終的な365GTB/4の特徴がすでに現れている。

365 GTB/4 & 365 GTS/4

初期の左ハンドル仕様の365 GTB/4。横いっぱいに広がり、ピンストライプ処理されたプレクシガラス製のノーズパネルが特徴的だ。プロトタイプとプロダクションモデルの間には、フロントデザインに劇的な変化があった。

イギリス登録の右ハンドル仕様車（プレクシガラス製ノーズを持つ）。この位置から見ると、長いボンネットと、後ろにセットバックしたキャビンというこの車のスタイリングテーマがよくわかる。フロントフェンダーから繋がるラインと、ルーフのラインがリアで見事に融合している。

中のミドエンジンモデル（365GTB/4BBとして1971年に発表、最終的に73年に市販された）を投入するまでの、間に合わせ的な車として意図されていた。しかしその頃、財政的に厳しい状況下にあったフェラーリは、根本的にまったく異なる新しい計画を推し進めるよりも、既存の設計に手を加えるだけの方が費用がかからないと判断した。また、新しい試みは従来の顧客から支持を得られない恐れもあった。フェラーリはかつて250／275LMを発表したものの、顧客の反応が鈍く、2年間でわずか32台が生産されただけに終わった苦い経験を持つ。むろんホモロゲーションの問題もその理由のひとつだったが、従来のモデルと根本的に異なるミドエンジンレイアウトを採用したせいもあった。さらに365GTB/4は、デビュー予定の365GT/4BBが履くタイアの試験台的な役割も担っていた。BBと同様に強力なミドエンジンを積むランボルギーニ・ミウラが、ピレリ製タイアに問題を抱えているという噂を聞いたフェラーリは、タイアが耐えられるかどうか懸念していたのだ。ミ

1969年のフランクフルトショーでデビューした365GTS/4のプロトタイプ（シャシーナンバー12851）。

リトラクタブル式ヘッドランプは、1971年にアメリカ仕様で現地の法規に適合させるために採用されたものだが、それがすべてのマーケット向けに標準となった。変更初期の車は、ノーズパネルにプレクシガラスに似せたアルミ塗装が施されたが、このデザイン処理はすぐに姿を消した。

365 GTB/4 & 365 GTS/4

365GTS/4のプロトタイプ。ボディサイドからテールにまで回り込んだ半円形に凹んだ太いプレスラインが、黒く塗られている。生産モデルでは、これがボディと同色となった。

寸法／重量

全長	4425mm
全幅	1760mm
全高	1245mm
ホイールベース	2400mm
トレッド前	1440mm
トレッド後	1453mm

乾燥重量
ベルリネッタ
（ヨーロッパ仕様） 1280kg[1]
（US仕様） 1543kg
スパイダー
（ヨーロッパ／US仕様） 不明

[1] スチール製ドアを持つ後期ベルリネッタは装備重量（燃料、オイル、冷却水等を含む）が1600kg。

シュランが開発した新しいハイスピード用ラジアルタイア、XWXをフェラーリは365GTB/4で試し、結果的にその優秀性が証明された。XWXは優れたグリップと耐久性を備え、352bhpのパワーを路面に伝える際にかかる強大な応力にも対応できた。

ところがこの"間に合わせ"兼試験台モデルが顧客から予想外に大きく支持され、5年間にわたって生産が続いたのである。最終的にそれまでのV12フェラーリとしては最も多い台数が造られた（同時期のV6ディーノ・シリーズに次いで多かった）。

1960年代後半、アメリカ政府は自動車の構造に関する一連の法律を制定した。連邦安全基準（Federal Motor Vehicle Safety Standards、略称FMVSS）である。そのおかげで、365GTB/4のカバーに覆われた特徴的なヘッドランプは1971年半ばから、リトラクタブル式に変更を余儀なくされた。統一を図るため、ほかの全マーケット向けの車でも同様変更が行われた。それ以外にもアメリカ仕様では、リアフェンダーに長方形のサイドマーカーランプが埋め込まれた。また、排ガス規制に適合させるため、機械的および電気的な装置を追加する必要があった。

GTBのファストバックの代わりに、すっきりとしたソフトトップと平らなトランクリッドを備えたスパイダーモデル、365GTS/4は1969年のフランクフルトショーでデビューした。その大部分は北米で販売された。生産台数は少なく、その希少価値を反映して現在のスパイダーの取引価格はベルリネッタよりもかなり高い。これまでに（特にアメリカとイギリスにおいて）多くのベルリネッタがスパイダーに改造されてきた。独立した鋼管フレームを持つこのシリーズは、ルーフを切り落としてもシャシー剛性を維持できるため、スパイダーへの改装は、腕のいいボディショップなら比較的簡単に行える作業だ。そのほかプライベートチーム向けに、モデナにあるファクトリーのAssistenza Customeri（顧客サービス部門）にて造られたベルリネッタのコンペティション仕様が存在する。詳細については第12章 "コンペティションモデル" を参照されたい。

『Autocar』は1971年9月30日号で、"Fastest Road Car In The World?" と題して365GTB/4のロードテストを行い、280km/hという見事な記録を測定した。そのテストは次のように締めくくられている。「かつてない刺激と興奮、そして感動……。これらをすべて言葉に置き換えるのは不可能に近い。今回の記録が破られるのは何年も先のことになるだろう」

ボディ／シャシー

シャシーについては、フェラーリが長い実績を持ち、信頼を置いていた鋼管フレームという基本構成に大きな変更はない。2本の太い楕円断面スチール製チューブをベースに、クロスメンバーやブレースを溶接してボディ保持フレームとし、丸型および角型断面のチューブから成るサブフレームで、メカニカルコンポーネンツやボディ

夕陽がボディに映り込んだ365GTB/4。右ハンドル仕様で、リトラクタブル式ヘッドランプを備える。通常、バックアップランプは左右のバンパーの下に吊り下げられた（アメリカ仕様ではバンパーの間に1個）。

ィ各部を保持する。ホイールベースは275GTB/4と同じ2400mmのままだが、トレッドは前後とも拡大され、フロントが1440mm、リアが1453mmである。フェラーリの型式としてはティーポ605と呼ばれた。

275GTBから始まった内側のパネルにグラスファイバーを用いる手法が、この365GTB/4でも採用された。この素材が使われているのは、センタートンネル両側のフロア部分、およびそれと一体となったインナーシルと前後のバルクヘッドである。

ボディはプレス成型スチールパネルから成る。大きなパネルはいくつかの小さなパネルを溶接したものだ。ドア、ボンネット、そしてトランクリッドはスチール製フ

365 GTB/4 & 365 GTS/4

オプションのボラーニ製ワイアホイールを装着したこの365 GTB/4はアメリカ仕様で、以下の特徴を備える。6角のホイールナット、すべてオレンジ色のサイドランプ／ウィンカーレンズ、リアフェンダーに埋め込まれたサイドマーカーランプ。

365GTS/4（アメリカ仕様）。スパイダーにも、ベルリネッタに優るとも劣らない魅力がある。ボラーニのワイアホイールはオプション。3本耳のセンターナットはこの国では御法度。

レームとアルミパネルの組み合わせである。ファクトリーの型式認定書類によれば、シャシーナンバー15701以降、ドアパネルはアルミからスチールに変更となった。ほぼ同時期に、アメリカ仕様車ではドアフレームにサイドインパクトビームが追加された。これも同国の厳しい安全基準を満たすためだ。したがって、ドアパネルの材質変更もこれに伴うものだった可能性がある。生産効率を高め、また統一を図るため、ほかの全マーケット向けの車で同じ変更が実施された。ボディパネルはトリノのピニンファリーナからモデナに運ばれ、スカリエッティがボディとシャシーを製作。その後、場所をマラネロにあるフェラーリの工場に移して、メカニカルコンポーネ

ンツの装着が行われた。1台の車、シャシーナンバー12547は、フェラーリのアメリカでのインポーター、ルイジ・キネッティのために総アルミボディで製作された。そして、最初に造られた5台のコンペティション仕様車が同じくアルミボディを持つ。

365GTB/4のボディで最も特徴的な部分はボンネットである。ふたつの角張ったエアアウトレットが備わる広々としたボンネットが、ボディ全長の半分近い長さを占め、かなり後方にセットバックされたキャビンと対照を成す。そのほか、すぱっと切り落とされたようなテールと、フロントホイールアーチ後端からドアを横切り、リアフェンダーに達しテールパネルにまで回り込んだ太いプレスライン（半円形に凹んでいる）もスタイリング上のポイントである。

5年にわたる生産期間を通じて、ボディには大きな変更が2回あった。ひとつは、キャンバス製の折り畳み式ソフトトップを備えたスパイダーモデルが登場した1969年（フランクフルトショーにて）。もうひとつは、アメリカの安全基準に適合させるために、プレクシガラス製ノーズパネルの下に収まるヘッドランプが、リトラクタブル式に変更となった1971年である。

ボンネットはフロントヒンジで、2本の油圧式ストラットで保持される。275GTB/4では外側に取り付けられたトランクリッドのヒンジは、この365GTB/4では内側に戻った。スパイダーモデルは横から見てほぼ水平なトランクリッドを持ち、フューエルフィラーリッドはトランク開口部の左側の隅に位置する。いっぽう、ベルリネッタでは左側のリアクォーターパネルに丸いフューエルフィラーリッドが付く。スパイダーのソフトトップは、フロントウィンドーフレームの上部両端に留め金で固定する。折り畳んだトップには、その上に成型加工されたビニールカバーを被せる。

外装／ボディトリム

365GTB/4のボディは、そのなめらかなラインを損なうものはほとんど身につけていない。初期モデルは、ヘッドランプカバーを兼ねたプレクシガラス製のノーズパネルが大きく横に広がるデザインが特徴だ。その両端にサイドランプ／ウィンカーが繋がる。透明なノーズパネルにはホワイトの細いピンストライプが無数に入り、真ん中にエナメル製のフェラーリ・エンブレムが装着された。後期モデルではヘッドランプがリトラクタブル式に代わり、左右のヘッドランプのカバーパネルと、その間のノーズパネルはボディと同色に塗られ、ノーズパネル中央の浅い窪みにエナメル製フェラーリ・エンブレムが付いた。

クサビ型のノーズの前端は、横幅いっぱいに奥行きの浅いラジエターグリルが口を開け、その中にアルミの薄板を組んだ格子が埋まった。グリルの両側には左右分割型のメッキ仕上げのスチール製バンパーを装着する。バンパーの表面は黒いラバー張りだ。リアにも同様なバンパーが備わる。フロントホイールアーチ後方のフロントフェンダー下側には細長いアルミ製の"Disegno di Pininfarina"のバッジが、トランクリッド上面の後端にはフェラーリの文字のバッジが付いた。そのほかの光り物は以下のとおりである。フロントおよびリアウィンドーのフレーム、ドアウィンドー上部の雨どいのトリム、ウィンドーフレーム（以上、当初はメッキ、のちにステンレススチール製）、メッキ仕上げのナンバープレートシュラウド、ウィンドーフレームに組み込まれた小さなドアハンドル、ドアパネルに設けられた丸いキーロック。アメリカ仕様車では法律に適合させるために、丸いメッキのミラーを備えた。

リアクォーターウィンドー後方には、カーブのついた小さな通気口がウィンドーと一体となっている。365GTS/4の折り畳み式のソフトトップは後部に大きな透明のポリ塩化ビニル製の窓を持つ。このソフトトップの色は黒が標準だが、ほかの色も選べた（黒以外ではベージュか青が多い）。

ガラス類はすべて無着色で、フロントウィンドーには合わせガラスを使用し、ベルリネッタモデルではリアウィンドーが熱線入りである（ダッシュボードのスイッチで操作）。ワイパーは対向式で、全モデルとも右側ブレードの上に左側ブレードが重なるかたちで中央に停止する。停止状態のワイパーアームは、ボンネットの後端部分に隠れる。作動スピードは2段。アームは無反射のシルバー仕上げである。ドアの三角窓は可動式で、後ろ側の隅に留め金が付いた。

塗装

275GTBの章でも述べたように、この時代のフェラーリはきわめて多くの塗色が選べた。顧客のリクエストに応じて塗られた特別な色を考慮に入れれば、標準の塗色リストは事実上ないに等しいといっても過言ではない。365GTB/4のようにスカリエッティで製作された車は通常、グリッデン＆サルキ社のペイントを使って塗装された。ただし、275GTBの章で述べた例外事項はこのモデルにもあてはまる。

別表に示したのがこの時期に用意されていた塗色のリストである。コード番号が記されていないものは、メーカーがそれを発行していなかったからだ。

シャシー、エンジンルーム、トランクルーム、目に触れないパネルの内側、フェンダーの裏側、車体下側などはすべて光沢のある黒の塗装仕上げである。プレクシガラス製ノーズパネルの下の部分も同様だ。ヘッドランプがリトラクタブル式に代わった直後のモデルでは、当初のデザイン処理に似せて、ノーズパネルとヘッドランプのカバーパネルが艶のあるシルバーに塗られたが、これはすぐに廃止となった。

ボディカラー

Argento Auteuil 106-E-1
Amaranto Bull Lea 2.443.413
Amaranto Ferrari 20-R-188
Arancio Vaguely 95.3.2943
Avorio Le Tetrarch 2.662.016
Azzurro Hyperion
　2.443.648/106-A-32
Bianco Polo Park
　9.265.470/20-W-152
Blu Caracalla 2.666.901
Blu Chiaro Met 106-A-38
Blu Dino Met 106-A-72
Blu Ferrari 20-A-185
Blu Ortis 95.3.6159
Blu Ribot 2.443.631
Blu Sera Met 106-A-18
Blu Scuro 95C.6159
Blu Tourbillon 2.443.607
Celeste Gainsborough
　2.443.625
Celeste Met 106-A-16
Giallo Fly 20-Y-191
Giallo My Swallow 95.3.2643
Grigio Argento 2.443.048
Grigio Le Sancy 2.443.009
Grigio Orthello 2.448.813
Grigio Mahmoud 2.443.931
Marrone Colorado 2.443.221
Marrone Dino Met 106-M-73
Nero 20-B-50
Nero Dark Ronald
Nocciola Met 106-M-27
Oro Chiaro Met 106-T-19
Oro Kelso 2.443.214
Oro Nashrullah 2.443.248
Rosso Chiaro 20-R-190
Rosso Cina 'Duce' 812.69484
Rosso Cordoba Met 106-R-7
Rosso Dino 20-R-351
Rosso Ferrari 20-R-187
Rosso Nearco 2.664.032
Rosso Sir Ivor 95.3.9301
Rosso Rubino 106-R-83
Turchese Molvedo
Verde Medio Met 106-G-29
Verde Medio Nijinsky
Verde Pino Met 106-G-30
Verde Pino Blenheim
Verde Seabird
Viola Dino Met 106-A-71

上記の幅広い選択肢のカラーはその多くが有名な競走馬にちなんだ名前を持つ。顧客は特別な色を注文することもできた。

これらの色は365GTB/4および365GTS/4のほか、1969年中頃以降に生産された365GTC／S、365GTC/4、365GT4 2+2にも用いられた。

365 GTB/4 & 365 GTS/4

バフ仕上げのステンレス製リアウィンドーフレームが付いたワンオフのハードトップを備える365GTS/4（シャシーナンバー14547）。

全モデルに付いたきわめてシンプルなドアハンドル。写真は365GTS/4のもの。

ウッドリム・ステアリングを備えた初期の車。ダブルトーンの革の張り地（オプション）が、シートのスポーティな形状をより強調している。

内装／室内トリム

標準のシート張り地はすべてコノリーレザーである。ただし、シートの中央部は特別注文で布張りを選ぶこともできた。ハンモックのようなスタイルのシートはサイドサポートが張り出し、中央部は独立した脱着可能なパネルとなっている。この中央部の張り地には特徴がある。上部から下部まで縦に1本の細い帯が走り、その両側に太い帯と細い帯が交互に並ぶ。細い帯には3個の通気口が設けられ、また多くの場合、ほかの張り地と異なる色が使われている。運転席、助手席とも、湾曲した形状で、

本体と同じ革張りのアジャスタブルヘッドレストを備える（ただし、初期のヨーロッパ仕様にはヘッドレストは付かない）。内装色については89ページに一覧表を示した。各シートはクッション前端に前後位置の調整レバーを備え、バックレスト自体の角度は固定だが、シート全体の角度を調整するレバーが外側に付く。固定式／3点式シートベルトが標準装備だ。アメリカ向けモデルでは1972年1月1日から、巻き取り式シートベルトおよびシートベルト警告灯とブザーの装着が義務づけられた。

ドアグリップはアームレストと一体で、その上方にドアレバーと楕円形のメッキプレートが位置する。このアームレストを境にして、後方上側のトリムパネルは横方向にうねがあり、前方下側は溝の付いたアルミ製パネルと、その裏側にスピーカーが装着された。パワーウィンドーのスイッチはセンターコンソールのシフトレバーの隣に並ぶ。パワーウィンドーが故障した際には、トリムパネルのカバープラグを外して、応急用ウィンドーハンドルを差し込んで手で回す。

フロア、サイドシルの内側、リアパーセルシェルフの下側、そしてバルクヘッドはカーペット張りである（ドライバーとパセンジャーの足元は溝の付いたラバーマットの溶着）。カーペットの色については89ページの表を参照。運転席と助手席の足元、外側には丸いエア吹き出し口が備わる。センターコンソールとドアパネルにはシートと同じ革を張った。ドアパネル上側のうねを形づくるのは、いちばん上が細いメッキトリムで、あとは黒いビニールのストリップ（細長い片）である。リアパーセ

深いフードに囲まれたメーターナセルは全生産期間を通じて同じである。これは革巻きステアリングを持つ後期の車。

ダッシュボードの中央に並んだヒーター／ベンチレーション用のレバーと、各種スイッチ。

本革カラー
Beige VM846
Beige VM3218
Beige VM3234
Black VM8500
Blue VM3015
Blue VM3282
Grey VM3230
Marrone VM487
Red VM3171
White VM3323

上記の番号は標準で使用されていたコノリー社のVaumol革の番号である。現在はConnolly Classicの名称で供給されている。ボディカラーと同様、顧客は特別な色を注文することもできた。

これらの色は365GTB/4および365GTS/4のほか、1969年中頃以降に生産された365GTC/S、365GTC/4、365GT42+2にも用いられた。

カーペットカラー
Beige
Black
Blue (Light or Dark)
Grey (Light or Dark)
Red (Light or Dark)
Tan

顧客はこれ以外の特別なカラーを注文することもできた。これらの色は365GTB/4および365GTS/4のほか、1969年中頃以降に生産された365GTC/S、365GTC/4、365GT42+2にも用いられた。

ルシェルフの上側（ベルリネッタのみ）、前後ホイールアーチの室内側、サイドシルの上面はビニール張りだ。ただし、このサイドシル上面は、シートが黒以外の場合は革張りであった。リアパーセルシェルフの下側には、2本の革製ストラップを固定するメッキの留め金が付く。左側ドア後方のサイドトリムパネルには2個のメッキレバーがある。前側のレバーがトランクリッドを、後ろ側のレバーがフューエルフィラーリッドを開く。これらのレバーが働かなくなった場合に備えて、トランク内にリッド用のレバーが、リッドの下にトランク用のプルリングが位置する。

天井の内張りは溝の付いたアイボリー色のビニールで、それがルーフパネルに接着され、周囲に内装と同じ色のルーフレールが付いた。ベルリネッタは防眩型のルームミラーの両側に、内装と同じ張り地のサンバイザーを持つ（助手席側はバニティーミラー付き）。スパイダーモデルでは、目の細かい織物製で半透明のローラーブラインドがフロントウィンドーフレーム上部に収納され、それを引き出してガラスに吸盤で留めて使用する。アメリカ仕様のルームミラーは、一定の荷重がかかると、脱落する機構を持つ。

シフトレバーはセンタートンネル上面、左側に設けられたメッキのゲートに沿って動く。ゲートの位置は左ハンドル／右ハンドル仕様を問わず同じだ。シフトパターンは2速〜5速がHパターンを形づくり、1速が左後方、その反対側がリバースとなる。シフトレバーはメッキ仕上げで、頭部には黒いプラスチック製のノブが付く。ノブの上面には当初何も表示がなかったが、その後アメリカで成立した法律に従ってシフトパターンが白い数字で刻まれた（すべての仕様ともこれに倣った）。シフトレバーの後方にはシガーライターとメッキの蓋が付いた灰皿が並ぶ。ハンドブレーキは従来のモデルとは異なり、左右のシートの間、センターコンソールの後部に設けられた。レバーはメッキで、大部分が内装と同じ色のブーツで隠れ、先端に黒いプラスチック製の握りが付いた。ダッシュボード下に2個のルームランプを備え、ドアと連動して点灯する。ベルリネッタでは、さらにリアウィンドーフレームの上部中央に四角いルームランプが取り付けられ、これはレンズと一体となったロッカー型スイッチを持つ。

ダッシュボード／計器類

ダッシュボードの上面、メータナセルの周囲、グローブボックスリッドは黒いアルカンタラという人造のスエード張りである。ただしごく初期の生産車では黒いビニールが使われた。ダッシュボード上面の中央には黒いプラスチック製で、向きを調節できる丸型のエア吹き出し口が4個並ぶ。外側の2個からは、外気または温風が吹き出す。内側の2個はエアコンからの冷風吹き出し口である。ダッシュボードの中央は平らになっており、そこに右側と左側のヒーター／ベンチレーションを調節する4本のレバーが並ぶ。そのすぐ下に取り付けられた3個のトグルスイッチは、両側がそれぞれ右と左のベンチレーションファン用、真ん中がリアウィンドー熱線用である。センターコンソールの垂直面にはエアコンの調節ツマミが位置する。ダッシュボード下側、ステアリングコラムの右側にはイグニッション／スタータースイッチが備わる。ダッシュボードの下、ステアリングコラムの横にはチョークレバーがある。それよりさらに外側には、ボンネットリリースレバー（およびその隣に非常用プルリング）が置かれ、メーターナセルとAピラーの間には計器照明の調光ツマミが付いた。助手席側に設けられたグローブボックスリッドは手前に突き出た形状のリッドを持ち、これは側面の丸い穴に指を差し込んで開ける。ルームランプはダッシュボード下面の両端に1個ずつ備わり、ボンネットリリースレバーの付近に電源ソケットが位置する。

ステアリングホイールは全仕様ともスポークが3本で、ボスがアルミ製である。ただ、初期の車が平らなスポークとウッドリムの組み合わせなのに対し、後期モデルでは穴のあいたスポークと革巻きリムを用いた。どちらも中央のホーンボタンは、黄色地に黒いカヴァリーノ・ランパンテが描かれ、外周部が黒である。ステアリングコラムの左側に突き出た2本のレバーは、短い方がウィンカー、長い方がサイドランプ／ヘッドランプの点灯およびハイ／ロービーム切り替え用だ。コラム右側のレバーは、2段スピード式ウィンドーワイパーおよびウォッシャー用である。

計器類はドライバーの正面に位置するメーターナセルのアルミパネルに、左右対称に配列されている。大きな文字盤のスピードメーターとタコメーターがステアリングコラムの左上と右上に置かれ、その間に4個の補助計器が並ぶ。上側の2個は水温計と油温計、下側の2個が油圧計とアンメーターだ。4個の計器の真ん中にはトリップメーターのリセットボタンが位置する。スピードメーターの左側には燃料計（赤色の残量警告灯付き）が装着され、その対称位置、すなわちタコメーターの右側には時計が付いた。スピードメーターはオドメーターとトリップメーター、そして緑色のサイドランプ点灯警告灯、その両側に三角形のウィンカーインジケーターを内蔵。いっぽうタコメーターには以下の4個の警告灯が備わる。チョーク（黄色）、リアウィンドー熱線（オレンジ色）、ヘッドランプハイビーム（青色）、そしてハンドブレーキを引いた状態／ブレーキフルードレベルの低下／ストップランプ球切れのいずれかを示す警告灯（赤色）。計器類はいずれも黒い文字盤に白で表示され、左ハンドル車でも右ハンドル車でも配列は変わらない。

アメリカ仕様車では同国の法律改正に伴い、警告機構と、操作系の表示に追加があった。まず1971年に導入となったのが、チョークノブの"C"の文字と、ヒータ

ー／ベンチレーション用レバーの下に付いたハザード警告灯（後期のヨーロッパ仕様にも装着）、ワイパーの作動モードの表示、イグニッションキーを差したまま運転席側のドアを開けると鳴るブザーである。続いて1972年1月、ステアリングコラム右側のダッシュボードにシートベルト装着を促す警告灯が装着され、シートベルトのバックルを締めずにイグニッションキーをオンにすると、この警告灯とブザーが作動した。さらにチョークレバーがもっと見やすい位置、センターコンソールの上面、パワーウィンドースイッチの前方に移った。

ヒューズ／リレーパネルはエンジンルーム内、インナーフェンダーパネル上、バッテリーの前方に位置する。左ハンドル車では右側、右ハンドル車では左側である。

トランク

リアフェンダーには左右それぞれ1個のアルミ製フューエルタンク（表面はグラスファイバー吹き付け）が収まり、パイプで結ばれている。総容量は128ℓ。フューエルフィラーはベルリネッタでは左側リアクォーターパネルに、スパイダーでは左側リアフェンダーの上面に付く。アメリカ仕様では法律に従って燃料蒸発ガス排出抑制装置を備える。これは有害物質を含むガソリンの蒸発ガスが、タンクから大気に放出されないようにするためのものだ。フィラーキャップは密閉型である。蒸発ガスは左側タンクの上に設けられたリキッド／ペーパーセパレーターを経て、3ウェイバルブ（ボーグ・ワーナー製CVX2219）からパイプを通り、エンジンルームのチャコールキャニスターへと流れる。エンジン停止中にこのキャニスターに貯蔵された蒸発ガスは、エンジンが作動すると負圧によってキャブレターに吸い出される。

スペアホイールはトランク床面の窪みに収まり、その上にカバープレートが付いた。車載工具はリアサスペンションの囲いの間に置かれる。トランクルーム床面は黒いカーペット張りが標準だが、内装と同じ色を選ぶこともできた。床以外の面はすべて光沢のある黒い塗装仕上げだ。

トランクリッドは室内のレバー操作で開き、左側に付いた自立式の伸縮ステーで保持される。照明を備え、リッドと連動して点灯する。

エンジン

365GTB/4に搭載のエンジン（ティーポ251）は、基本的な構造や材質の点では275GTB/4のユニットとほぼ同一ながら、排気量は約1.3倍の4390ccである。最高出力は52bhp増の352bhp／7500rpm、最大トルクは44mkg／5500rpm。同様に2個のエンジンマウントを備える。エンジンはトルクチューブを介してトランスアクスルと連結された。

カムシャフトは片バンクあたり2本。カムシャフトカバーは縮み模様塗装仕上げで、フェラーリの文字のロゴが浮き彫りとなっている。カムシャフトの支持および駆動方法は275GTB/4と同じで、タイミングチェーンにはケース下の右側にテンショナーが付く。

各バルブは、カムシャフトからスチール製のバルブリフターを介して押し下げられる。カム山とバルブリフターとの間にバルブクリアランス調整用のシムを持つ。軽合金で鋳造のインテークマニフォールドがVバンクの間に位置し、そこに全仕様とも6基のキャブレター（ヨーロッパ仕様は40DCN20または21、アメリカ仕様は40DCN21/A）を装備。フューエルポンプはベンディックス製476087型が車体後部、フューエルタンク近くのシャシーフレームに取り付けられた。

Vバンクの外側には3つに枝分かれしたスチール製エグゾーストマニフォールド左右2組ずつ備わる。その上にはヒートシールドが取り付けられた。メインマニフォールドとエグゾーストの接続部、およびキャビン下、各バンク2個のメインサイレンサーボックスにもヒートシールドが付いた。アメリカ仕様車のマニフォールドには、断熱材と排ガス測定用の差し込み口を持つスチールプレス成型のシュラウドが取り付けられた。同じくアメリカ仕様車では、キャビン下のサイレンサーアセンブリー全体をスチール製断熱シュラウドが覆った。当初ヨーロッパ仕様では、マニフォールドとサイレンサーボックス間の接続方法が差し込み式だったが、シャシーナンバー15065からフランジ式に代わった。テールパイプとサイ

車載工具

シザーズ型ジャッキ
　（ラチェットハンドル付き）
ハンマー（500g）
鉛製ハンマー
　（2.3kg、ヨーロッパ仕様）
ハブナット用スパナ
　（US、オランダ、ドイツ、
　　スウェーデン仕様）
プライヤー
両口スパナセット
　（8〜22mm、7本組）
マイナスドライバー
　（長さ120mm）
マイナスドライバー
　（150mm）
プラスドライバー
　（直径〜4mm）
プラスドライバー（5〜9mm）
三角表示板
オイルフィルターレンチ
スパークプラグレンチ
ウェバーキャブレター用スパナ
オルタネーター用ベルト
予備の電球およびヒューズの
　ホルダー（以下のW数の
　12V電球：3W、4W、5W、
　12W、5/21W）

エンジン

形式	60° V12
型式	251
排気量	4390cc
ボア・ストローク	81×71mm
圧縮比	8.8:1
最高出力[1]	352bhp／7500rpm
最大トルク[1]	44mkg／5500rpm
キャブレター：ヨーロッパ仕様	ウェバー40DCN20または21　6基
US仕様	ウェバー40DCN21/A　6基

[1] ヨーロッパ仕様

タイミングデータ

インテークバルブ開	45° BTDC
インテークバルブ閉	46° ABDC
エグゾーストバルブ開	46° BBDC
エグゾーストバルブ閉	38° ATDC
点火順序	1-7-5-11-3-9-6-12-2-8-4-10

上記バルブタイミングの値は、バルブクリアランスが
バルブリフターとカムシャフト間で0.5mmの状態で測定する。
エンジン冷間時の規定バルブクリアランスは、
インテーク側が0.25mm、エグゾースト側が0.45〜0.5mmです。
バルブリフターとカムシャフトの間で測定する。

各種容量（ℓ）

フューエルタンク	128
冷却水	17.5
ウィンドーウォッシャータンク：ヨーロッパ仕様	1.0
US仕様	2.0
エンジンオイル	14.62
ギアボックス／ディファレンシャルオイル	4.5

365 GTB/4 & 365 GTS/4

右ハンドル仕様車のエンジンルーム。手前には、吸気／排気側が独立した左側シリンダーバンクのカムシャフトカバーと、その間に走るプラグコードが見える。向こう側には、インテークダクトのホースと、ブレーキのバキュームサーボがある。

レンサー間の接続は差し込み式のまま残った。アメリカ仕様では、サイレンサーボックスへの接続はすべてフランジ式で、エグゾーストシステムはシャシーにボルト留めしたフックにラバーリングで吊られた（ヨーロッパ仕様では、ラバーブッシュ付きのボルトを用いた）。全仕様とも片側2本のテールパイプが付いた。その仕上げはメッキで、端部は斜めにカットされ、上側が下側より突き出している。

エアクリーナーボックスは黒い塗装仕上げのスチールプレス成型品が標準で、上面のカバーを留めるローレット加工のナットは初期の車では3個、後期の車では8個である。インテークダクトは1本で、夏期／冬期の切り替えフラップを備え、先端にフレキシブルホースが付く。フィルターは、ボックス内周に沿った形の大型のエレメントをひとつ用いる。シリンダーの点火順序を示すプレートと、フラップの夏期／冬期切り替え表示プレートがインテークダクトの上部に付いた。

アメリカ仕様車には、スロットルリンケージにファーストアイドル機構がある。具体的にはバイメタル製スプリングの力で、カムがスロットル制御ロッドのアームに押し付けられ、エンジン温度に応じてアイドリング回転数を調節するものだ。またアメリカ仕様では、排気ガスに含まれる未燃焼ガスを最小限に抑えるエアインジェクション装置を備えた。これは、オルタネータープーリーからVベルトで駆動されるエアポンプから、各エグゾーストマニフォールドにエアを噴射する仕組みである。エンジン回転数が3100rpmに達すると、電磁式クラッチの働きでポンプの駆動力は断たれる。

ヨーロッパモデルでは各シリンダーバンクごとに、マレリS85F型ディストリビューターとマレリBZR201A型イグニッションコイルをそれぞれ1個ずつ備え、前者はエグゾースト側カムシャフトの後端から駆動される。アメリカ仕様ではディストリビューターがマレリS138Bで、イグニッションコイルは生産年によって3つの種類がある（詳細については93ページの表を参照）。このアメリカ仕様のディストリビューターはコンタクトブレーカーを2個内蔵し、スロットルシャフトと連動したスイッチによって低速時にはそれを切り替えて、点火を遅角させる機構を持つ。さらにアメリカ仕様車では、Dinoplexと呼ばれるマレリ製セミトランジスター式点火ユニットを2個装着した（1971年モデルではCAEC101DAX、72年以降のモデルではAEC103A）。このユニットが故障した場合、応急用スイッチで回路をバイパスさせ、通常のポイント式点火を行う。ディストリビューターから伸びたプラグコードは、カムカバーに取り付けられた絶縁ブラケットに沿って、各プラグキャップへと繋がる。

エンジンの往復運動に関わるコンポーネンツ（クランクシャフト、ピストン、コンロッド、フライホイール）、およびドライサンプ式潤滑系は、すべて275GTB/4用ユニットとほぼ同一の設計、構成、材料から成る。むろん排気量が大きい分、寸法は異なる。365GTB/4ではオイルクーラーを持ち、それがラジエターのフレームに取り付けられた。またブローバイガス還元装置を備え、クランクケース内のブローバイガスはホースによってオイルタンクのフィラーネック部に導かれる。そこから別なホースを介して、各インテークマニフォールドのジェットと、エアクリーナーハウジングから吸い出される仕組みだ。アメリカ仕様では、クランクケース間からオイルタンクのフィラーネック、そしてフィラーネックからエアクリーナーハウジングへと繋がるホースのほか、オイルパン内のスカベンジングポンプによってガスがオイルタンクに送られる。油圧は油温110〜120℃、6800rpmで5.5〜7.0kg/cm²が基準値で、4.5kg/cm²が最低限度。

　ウォーターポンプは275GTB/4と同様にタイミングチェーンから直接駆動され、ラジエター底部からフレキシブルホースを介して冷却水を吸い上げ、エンジン内部の冷却水通路に送り込む。エンジンを冷却した水は、ブロック前部上面からフレキシブルホースを通ってサーモスタットハウジングに向かう。水温が83℃以上の場合、冷却水はラジエター上部に送られ、それ未満の場合はウォーターポンプへとバイパスされる。ラジエターは2基の電動ファンを備え、ラジエター下部の水温スイッチおよびエアコンと連動して作動する。ラジエター右側には、独立したエクスパンションタンク（ラジエターキャップ付き）が備わる。

　エアコンのコンプレッサーはブロック前面右側のブラケットに取り付けられ、クランクシャフトプーリーから2本がけのVベルトで駆動される。このプーリーは前半分が、エンジン前面左側の上方に位置するオルタネーターを駆動する。エアコンのコンデンサーはラジエターのすぐ前方に装着された（電動ファンがエアコンと連動しているのはそのためだ）。エアコンとは独立したベンチレーション（およびヒーター）系統は、ノーズが長いため、ベンチレーションファンを左右のフェンダー先端に装備して、長いホースを介してキャビンまで外気を強制的に導いている。

トランスミッション

　フライホイールに装着のクラッチと、トルクチューブ内を通るプロペラシャフト、5段トランスアクスルから構成される365GTB/4の駆動系統は、275GTB/4のそれとほぼ同一である。ただし、クラッチが油圧式ではなく機械式に代わった点と、排気量の増えたエンジンの特性に合わせ、各ギアとファイナルドライブのギア比が異なる（別表参照）。ファイナルドライブはコンペティション向けに何種類ものギア比がホモロゲートされた。トランスアクスルの内部構成も275GTB/4のものと大きな差はない。シャシーへの搭載方法も同じで、エンジン、トランスアクスルともに2個のマウントを持つ。またベルハウジング部をトルクロッドでシャシー側と連結し、前後の動きを支えた。トランスアクスルの前面プレート右上には、スピードメーター駆動ケーブルの取り出し口がある。

　クラッチはダイアフラム型スプリングを用いた単板乾式で、ケーブルとロッドによるリンケージを介して作動する。ペダル踏力を軽減するヘルパースプリングが付き、275GTB/4と同様、ペダルのパッド部に3段階の高さ調整機構を持つ。

電装品／灯火類

　電装系統は12Vで、74Ahのバッテリー（工場出荷時はフィアム製6B5）がフロントインナーフェンダー後ろ側、運転席とは反対側に位置する。エンジン前面に取り付けられたマレリ製オルタネーターが、クランクシャフトプーリーからVベルトで駆動される。同じくマレリ製のスターターモーター（ソレノイド一体型）をフライホイールベルハウジング右下に備える。ツインのエアホーンがエンジンルームの前部に取り付けられた。

　灯火類はすべてキャレロ製で、1971年に大きな変更があり、アメリカ仕様車でプレクシガラス製ノーズパネルの下に収められていた固定式ヘッドランプがリトラクタブル式となった。アメリカ仕様の灯火類の構成は単純で全生産期間を通じて変わりはないが、ヨーロッパ仕様では不規則な変更が度々行われた。その大部分が、フロントのサイドランプ／ウィンカーレンズの色に関するものだ。全車ともエンジンルームに2個、トランクに1個の照明用ランプを持ち、リッドと連動して点灯する。

　まず変更が多く複雑なヨーロッパ仕様から先に説明したい。固定式ヘッドランプを備えたスタンダードなヨーロッパ仕様車では、サイドランプ／ウィンカーレンズの前部分が筋の入ったホワイトで、オレンジ色の後ろ部分は、跳ね馬のマークが付いた丸いリフレクターが一体となっている。フランス向けの車は、イエローのヘッドランプガラスを持つ。イギリス向けの車では、すべてオレ

伝統的なオープンゲートから突き出たシフトレバーが、275GTB/4から譲り受けた5段トランスアクスルを変速する。ノブに刻まれた白い数字は、アメリカの法規に合わせて途中で導入されたもの。

生産データ

365GTB/4
1968〜1973年
シャシーナンバー：
12301〜17615
生産台数1284台

365GTS/4
1969〜1973年
シャシーナンバー：
14365〜17073
生産台数122台

ギア比

	ギアボックス		総減速比	
	標準	オプション[1]	標準	オプション[1]
1速	3.075:1	2.467:1	10.147:1	8.141:1
2速	2.120:1	1.842:1	6.996:1	6.079:1
3速	1.572:1	1.455:1	5.188:1	4.801:1
4速	1.250:1	1.200:1	4.125:1	3.960:1
5速	0.963:1	0.963:1	3.178:1	3.178:1
リバース	2.667:1	2.667:1	8.801:1	8.801:1
ファイナルドライブ	3.300:1 (10:33)			
オプションのファイナルドライブ	4.714:1 (7:33), 4.375:1 (8:35), 4.250:1 (8:34), 4.125:1 (8:33), 4.000:1 (8:32), 3.889:1 (9:35), 3.667:1 (9:33), 3.444:1 (9:31), 3.500:1 (10:35)			

[1] オプションのギアはコンペティション向け

365 GTB/4 & 365 GTS/4

サイドランプ/ウィンカーレンズのパターンは仕向け地によって異なる。ほとんどのマーケット向けでは、白いサイドランプレンズと、跳ね馬のマークが付いた丸型のサイドリフレクターが付く。アメリカ仕様ではすべてオレンジ色のレンズを装着し、リフレクターには何も飾りが付かない。イギリス向けの車には、通常すべてオレンジ色のレンズが付いた。

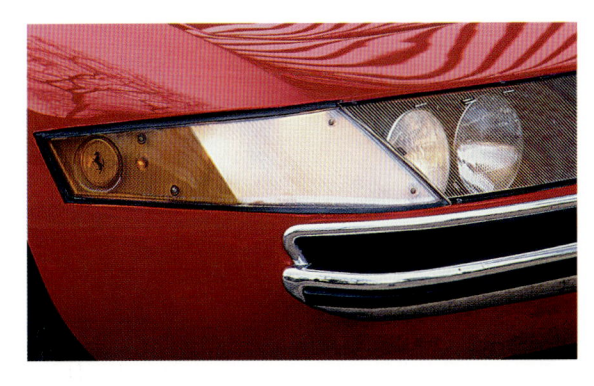

後部灯火類の配列（365GTS/4）。ヨーロッパ仕様（写真右）とアメリカ仕様（下）。後者はウィンカーレンズも赤色で、独立した長方形のリフレクターが下に付き、バックアップランプが中央に1個備わる。

主要電装品	
バッテリー	12V, Fiamm 6B5, 74Ah
オルタネーター	Marelli GCA113A
スターターモーター	Marelli MT21T-1.8/12D9
点火装置：ヨーロッパ	Marelli 50.10.141.1 (S85F) ディストリビューター1個, Marelli BZR201A コイル2個
点火装置：US	Marelli S138B ディストリビューター2個 Marelli イグニッションコイル2個, BZR205A (1971年), BAE200A (1972～73年), BAE203A (シャシーナンバー16569以降)
スパークプラグ	Marelli CW89LP または Champion N6Y

ンジ色のウィンカーレンズを採用し、サイドランプはヘッドランプ内に組み込まれた。リトラクタブル式ヘッドランプが導入されると、主なヨーロッパ向けには白いサイドランプレンズを使い続けたが、イギリス向けにはオレンジのウィンカーレンズに別体のサイドランプを組み合わせた（小さな長方形のメッキハウジングに収まるランプをバンパーの上部に装着）。ただしイギリス仕様には例外も多く、白いサイドランプレンズが付いた車、あるいはリトラクタブル式ヘッドランプを備え、別体のサイドランプを持たない車も存在する。ヘッドランプの光源は55Wのハロゲンバルブで、外側のランプがハイビーム、内側がロービームである。イギリス、ドイツ、スイス向けにはパッシング機能が付いた。リトラクタブル式のヘッドランプユニットは、ヘッドランプスイッチをオンにするとモーターの働きでポップアップするが、モーターが故障した場合にはモーター後部のツマミを手で回して動かすことも可能だ。ドアフレームの後端には、ドアが開いていることを後続車に示す赤い警告灯が付く（左右とも）。

幸いにも、リアの灯火類はフロントほど仕様差がない。テールパネルの両端には丸型のランプが2個ずつ付く。外側がオレンジ色のウィンカーで、内側が赤いストップ/テールランプ（およびリフレクター）である。トランクリッド後端に長方形のメッキシュラウドを持つナンバープレートランプ（2本のバルブを使用）が備わり、左右のバンパーから小さな長方形のバックアップランプが吊り下げられた。

アメリカ仕様の灯火類はその市場に特別に合わせたもので、すべての車がリトラクタブル式ヘッドランプを備える。ヘッドランプにはシールドビーム型を用いた。サイドランプ/ウィンカー/サイドマーカーランプのレンズはすべてオレンジ色で、それと一体型の丸いリフレクターには跳ね馬のマークが付かない。リアフェンダー側面後部には、長方形のサイドマーカーランプ/リフレクターが埋め込まれた。テールパネルに丸型のランプが2個ずつ並ぶのはヨーロッパ仕様車と同じだが、レンズはすべて赤色で、その下に独立した小さな長方形のリフレクターが付く。バックアップランプはひとつで、それがバンパーに挟まれるかたちで中央に位置する。

サスペンション／ステアリング

サスペンションおよびステアリングは275GTB/4と同様な基本構成を持つ。すなわちサスペンションは4輪とも独立式で、不等長ダブルウィッシュボーンとコイルスプリングおよびダンパーを用いる。ステアリングギアボックスはウォーム・ローラー式で、パワーアシストは付かない。

前後ともウィッシュボーンはスチール鍛造品である。ステアリングナックルは鍛鋼、リアのハブキャリアは鋳鋼をそれぞれ機械加工したものだ。フロントはダンパーとコイルスプリングを同軸上に組み合わせたアセンブリーがロアウィッシュボーンとシャシーを結ぶ。リアではそれがドライブシャフトを避けて、アッパーウィッシュボーンとシャシーの間に装着された。ダンパーユニットはバンプとリバウンドを制限するラバーを持ち、フロントがコニ製の82T1633、リアは82P1634である。スタビライザーの径はフロントが22mm、リアが20mm。

ステアリングギアボックスはシャシーのフロントクロスメンバーに取り付けられ、ステアリングコラム下端とユニバーサルジョイントを介して接続する。ギアボックスの上面には遊び調整用のスクリューがある。ロック・トゥ・ロックは2.8回転で、最小回転直径は13m。ギア比の小さく、パワーアシストを持たないステアリングのために、365GTB/4のパーキング時や市街地での取り回しは多少厄介である。しかし、この車の本分たるハイスピード域に入るとステアリングはかなり軽くなり、ハンドリングを楽しむには最適の操舵感を示す。ベルリネッタ、スパイダーモデルとも、左ハンドルと右ハンドル仕様が用意された。

ブレーキ

365GTB/4に装備されたブレーキシステムは、先代モデルにあたる275GTB/4から比べると大幅な進歩が見られる。ベンチレーテッドとなった鋳鉄製ブレーキは、フロントの直径が287mm、リアが295mm。これに4ポットキャリパーを組み合わせた。バキュームサーボの付いたタンデム式マスターシリンダーは、独立した2系統のブレーキ油圧回路と接続する。この2系統システムは単なる前後スプリット方式あるいはX字型配管ではない。これは各車輪の4ポットキャリパーに備わる2組の対向ピストンに対し、別々の回路から油圧を供給する、完全な2系統ブレーキシステムである。リアブレーキの油圧回路にはプロポショーニングバルブが組み込まれた。またふたつの油圧回路に圧力差が生じると、スイッチによってダッシュボードの警告灯が点灯する。

シートの間に位置するハンドブレーキはケーブル式で、リアブレーキディスクのハブ内側に専用の小さなドラムとシューを持つ。このシューの調整は、ハブに設けられた2個の穴にマイナスドライバーを差し込み、歯の付いたアジャスターを回して行う。ケーブルの方は、キャビン下で2本のケーブルがレバーアームと連結する部分で調整する。ブレーキペダルにもクラッチペダルと同様のパッドの高さ調整機構が付く。

通常の使用条件における推奨ブレーキパッドは、フロントがフェロード製I/D330（放射状の溝が3本）、リアが同じくI/D330（放射状の溝が1本）である。

275シリーズに比べ、ブレーキの性能がどれほど向上したか、その判断の基準となるコメントが『Autocar』1971年9月30日号のロードテストに載っている。

「70mphから10回連続でブレーキをかけても、少しもフェードしなかった。加速テストの最中に150mphから50mphに減速するブレーキングを4回行っても同様だった。いつでもブレーキは、動力性能に完全にマッチした素晴らしい信頼性と能力を示してくれた」

サスペンションセッティング

前輪トーイン	−2〜−3mm
前輪キャンバー	+0°50'〜1°10'
後輪トーイン	−2〜−3mm
後輪キャンバー	−2°15'〜−2°30'
キャスター角	1°30'（固定）
前輪ダンパー	Koni 82T1633
後輪ダンパー	Koni 82P1634

ファクトリーの発行物

1968年
- 365GTB/4のセールスカタログ。圧縮比8.8：1、フューエルタンク容量128ℓと記載。[ファクトリーの参照番号：25/68]
- 365GTB/4のセールスカタログ。圧縮比9.3：1、フューエルタンク容量100ℓと記載。[25/68]

1969年
- 365GTB/4のメカニカル・スペアパーツカタログ。オレンジ／白／黒色の表紙。[33/69] 様々な改良・変更・補足を収録して1972年9月まで何回も再発行。
- 365GTB/4のオーナーズハンドブック。赤／白の表紙。[34/69]
- 1969年モデル全車を収録したカタログ。うち2ページに、365GTB/4の写真と伊／仏／英語表記の各種諸元を掲載。[27/68]

1971年
- 365GTB/4のセールスカタログ。[49/71]
- シャシーサービスマニュアルの抄録。濃赤の表紙。[46/71] その後3回再版された。
- US仕様の365GTB/4向けオーナーズマニュアル追補版。[47/71]

1972年
- 1972年のUS仕様の365GTB/4向けオーナーズマニュアル追補版。[47/71]
- 365GTB/4のUS顧客向け小冊子。[62/72] 3回にわたって発行。
- 365GTB/4のセールスカタログ。[64/72]
- 365GTB/4のメカニカル・スペアパーツカタログ。赤／白／黒の表紙。[70/72] 表紙に1974年というステッカーを貼って再版。
- 365GTB/4のセールスカタログ。[73/72]

1973年
- 365GTB/4のオーナーズハンドブック。赤／白／黒の表紙。[74/73]
- 1973年のUS仕様の365GTB/4向けオーナーズマニュアル追補版。[47/71]

365 GTB/4 & 365 GTS/4

左：標準の7.5×15インチ、5本スポーク型軽合金ホイールと、3本耳を持つヨーロッパ仕様のスピンナー。
右：オプションの9×15インチホイールは、スポークが内側に湾曲している。

ホイール／タイア

標準のホイールは5本スポーク、7.5×15インチの軽合金製で、表面は光沢のあるシルバーの上にクリアラッカーを塗装したものだ。それをスプラインが切られたハブに、角度の付いた3本耳のセンターナット（メッキ仕上げ）で固定する。コンペティション向けに、さらにリム幅の広いホイールがホモロゲートされ、それを履いたロードカーも多い。アメリカ仕様全車と、後期のオランダ、ドイツ、スイス向けの車は、耳の付いたナットが安全基準に適合しなかったため、8角形のナットを用いた。その場合、車載工具には鉛製ハンマーの代わりにスパナが入った。

メッキスポークとポリッシュアルミのリムを持つボラーニ製ワイアホイール（7.5×15インチ）がオプションで用意された。275シリーズと同様、ワイアホイールはブレーキの冷却性と放熱性の点でメリットがあるが、スポークの張りとリムの振れを定期的に点検しなければならない。ホイールにかかる駆動力、コーナリングフォースともに大きい365GTB/4の場合は、特に重要である。

インナーフェンダーパネルにリベット留めされた識別プレート。モデル型式、エンジン型式、シャシーナンバーの打刻が見える。下のプレートは指定オイルの銘柄とグレードを示す。

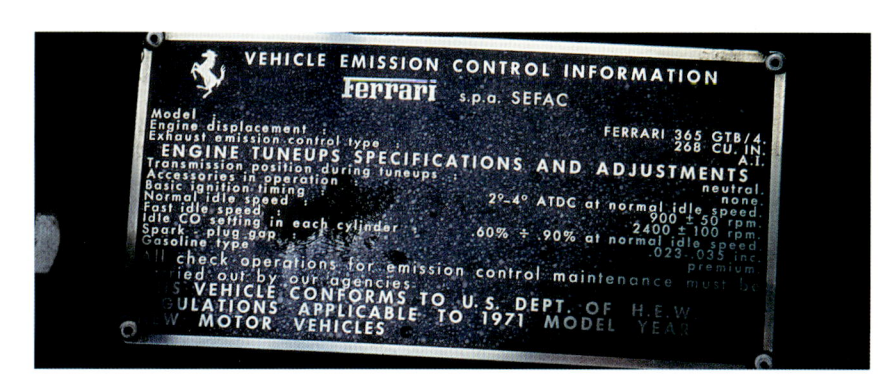

アメリカ仕様車のエンジンルームに取り付けられた排ガス浄化装置に関する情報を記したプレート。

アメリカ仕様車では、運転席側のドアポストに、安全基準に適合した旨を記したプレートが付いた。

識別プレート

1. シャシーナンバーを前部サスペンションスプリング取り付け部の上のフレームに打刻。
2. エンジンナンバーをブロック右側、フライホイールハウジングに隣接した部分に打刻。
3. 車両型式／エンジン型式／シャシーナンバーを打刻したプレートをエンジンルームのフロントパネルに装着。
4. 後期モデルでは、車両型式とシャシーナンバーのプレートを室内、ステアリングコラムシュラウドの上面に装着。このプレートはすべてのUS仕様車に備わる。さらにUS仕様車では以下が追加された。
5. アメリカの安全基準に適合している旨のプレートを、運転席側のドアポスト、ストライカープレートの下に装着（生産年月、シャシーナンバー、車両型式を記載）。
6. タイアの諸元値と車両積載容量を記したアメリカの安全基準（FMVSS 110項）のラベルを、運転席側のサンバイザー（1971年モデル）、あるいはグローブボックスリッドの内側（1972〜73年モデル）に装着。
7. 排ガス規制適合エンジンの適正な調整についての情報を記したプレートを、エンジンルームのフロントパネル左側に装着。
8. カリフォルニアで登録の車には、同州が定めた排ガスの基準値と限度値を記したラベルを、リアリアウィンドーに貼付。

ホイール／タイア

ホイール前後	7½×15　5本スポーク型軽合金鋳造ホイール オプション：Borrani ワイアホイール（軽合金リム）RW4075型
タイア前後	Michelin XまたはXVX 215/70VR-15

注記：このモデルにはリム幅が8、8½、9インチのフロントおよびリアホイールがホモロゲートされたほか、主にコンペティション用に11インチホイールも用意された。公道用の車でも標準よりリム幅の広いホイールを、特にリアに装着した車がある。

Chapter 9
365 GTC/4

　365GTC/4がフェラーリのモデルラインナップに仲間入りしたのは、1971年のジュネーブショーである。このモデルは365GTCの後継という位置づけの車だが、2500mmのホイールベースに（名ばかりの）2+2シートを持ち、365GT 2+2の生産中止によって生じたすき間を埋めるという役割も担っていた。365GTC/4は4カムシャフトの4.4ℓと、基本形式の上では365GTB/4と同様なエンジンを積む（潤滑方式やキャブレター形式などは大きく異なるが）。しかしトランスミッションはトランスアクスルではなく、5段ギアボックスをエンジン後部に装着し、365GT 2+2と同じ方式でトルクチューブで連結されたディファレンシャルへ駆動力を伝達する。パワーステアリングと、リアに油圧式セルフレベリングサスペンションを備える点も365GT 2+2と共通である。生産工程も同じで、トリノのピニンファリーナで製作されたボディをマラネロに運び、フェラーリの工場でメカニカルコンポーネンツを装着した。

　いっぽう外観上では365GT 2+2との共通点は認められない。どちらかといえば、365GTB/4に多少似ている。もっとも、その印象はクサビ型のスタイリング、リトラクタブル式ヘッドランプ、5本スポーク型ホイールなどの採用によるもので、実際に両モデルで共用されるボディパネルはない。365GTC/4はラジエターグリルの周囲に黒いラバー製バンパーを備え、それがノーズの先端を

365GTC/4の横顔。これはアメリカ登録のヨーロッパ仕様車。アメリカの法規に合わせて後部ランプはすべて赤だが、サイドマーカーランプは付いていない。ボラーニのワイアホイールはオプション。

365 GTC/4

365GTC/4のボディは、このモデルにしか見られない特徴的なウェッジシェイプを持つ。先代モデルにあたる365GT 2+2から受け継いだのは、矢じりの形をしたドアハンドルと、3連の丸型後部ランプだけだ。

形づくる。そこを起点にボンネットとフロントフェンダーが後方のキャビン部分までなめらかに繋がり、ルーフがなだらかな曲線を描いてほっそりとしたカムテールへと達する。

365GTC/4の生産期間は約18カ月と短く、それまでに500台が送り出された。そして1972年、正真正銘の2+2モデル、365GT4 2+2に道を譲った。

ボディ／シャシー

365GTC/4のシャシーは、フェラーリの新しい型式番号の付け方が初めて適用され、ティーポF 101 AC 100と呼ばれた。このシャシーは365GT 2+2から派生したものだが、ホイールベースは2500mmである。それまでのモデルと同様に、2本の楕円断面鋼管にクロスメンバーやサブフレームを組み合わせた構造を持つ。フロアパン、ペダルボックス、フロントバルクヘッドはグラスファイバー製で、それをシャシーフレームに接着した。シャシーは光沢のある黒い塗装仕上げだ。

製作までピニンファリーナが担当したボディは、このモデル独特のスタイリングを持つ。それは従来のモデルを発展させたデザインではなく、また以後のモデルに受け継がれることもなかった。唯一、365GT 2+2と共通するのは、ドアハンドルと、似かよった構成のリアランプ類だけである。横いっぱいに広がったフロントバンパーを兼ねるラジエターグリルが、365GTC/4のいちばんの特徴で、そこから後方に向かってなめらかなボディラインが流れる。横から見ると、ボディは特徴的なクサビ型をしている。ボディ表皮はスチールパネルの溶接で造られ、ボンネットとトランクリッドにはスチール製フレームにアルミパネルを張った。

外装／ボディトリム

365GTC/4の突き出たラジエターグリルは奥行きが浅く、周囲には黒いラバーの縁取りが付き、これがバンパーの役目を果たす。グリルの中に薄いアルミ板を組んだ格子が填まるのはこれまでの伝統どおりだが、横方向の間隔は広い。中央にはメッキの跳ね馬が飾られ、両端にはサイドランプ／ウィンカーが備わり、その内側にドライビングランプが並ぶ。リアバンパーはスチール製で、フロントに合わせて艶のあるブラックに塗装された。

ノーズパネル上面の中央にはエナメル製のフェラーリ・エンブレムが位置する。トランクリッドの後ろ寄りにフェラーリの文字のメッキバッジが、テールパネルの右側、後部ランプの内側にはメッキ仕上げのカヴァリーノ・ランパンテが装着された。左右フロントフェンダーの後部下側には、ピニンファリーナの細長いバッジとエナメル製の盾のバッジが付いた。ボンネットには上面にふたつの四角い窪みがあり、そこにラジエターを冷却した風が抜けるスロットが設けられた。ボンネットは前ヒンジで、2本の油圧式ストラットによって開いた状態を保持できる。フューエルフィラーリッドは、左ハンドル／右ハンドル車を問わず、左側のリアフェンダーに位置する。

ボディは飾り気がなくすっきりとしており、光り物の類はきわめて少なく、バッジ類を除けば、ステンレス製の前後ウィンドーフレームとドアの窓枠、メッキのドアハンドルしか見あたらない。従来のモデルではメッキだったウィンドーワイパーアームとブレードの枠は、艶のあるブラックに塗られた。

ガラス類はすべて無着色で、フロントウィンドーには合わせガラスを使用。2段スピード式ワイパーは、左ハンドル車では右側に、右ハンドル車では左側に停止する。ドアには三角窓が備わり、ドア内側パネルに付いたノブで開閉する。リアウィンドーは熱線入りで、センターコンソールのスイッチで作動し、タコメーターに組み込まれた警告灯が点灯する。

塗装

365GTB/4の章でも述べたが、この時代のフェラーリにはきわめて多くの塗色が用意されており、同じ説明が365GTC/4にも該当する。ボディの製作を担当したのはピニンファリーナゆえ、使われた塗料はPPGまたはデューコ社製である。塗色のリストは、365GTB/4の章、86ページに示したもの共通。テールに填め込まれたパネルは通常、黒に塗られた。

内装／室内トリム

365GTC/4はこの時期のフェラーリとしては唯一、総コノリーレザー張り以外の内装を標準で用意していた。顧客は、シート中央部（ほかの部分は革張り）とドアパネルの一部に格子縞のファブリックを選ぶことができた。格子縞の張り地を選択肢に持つのはこのモデルだけである。提供されていた内装色については、365GTB/4の章に示した表（89ページ）を参照。フロントシートはクッションの前端外側に位置するレバーで前後に調整できる。バックレストは外側の基部に付いたレバーで大きく角度を変更し、隣接する黒いプラスチック製のノブで微調整することが可能だ。バックレストの上部側面にはスライドレバーが備わり、これを操作してバックレストを前方に倒すことで、後席に出入りする。

その後部座席だが、ぎりぎり許容できる範囲のヘッドルームやレッグルームしかない。特に後者の不足は顕著で、前席をかなり前方にスライドさせないかぎり、幼い子供しか乗れない。後席の背もたれの部分は左右が独立し、それぞれ上部に小さなタブが付いており、それを引くと背もたれが倒れて平らな荷物置き場となる。前席には両方とも固定式／3点式シートベルトが備わる。後席には左右3カ所ずつ、シートベルトのアンカーポイントが設けられた。アームレストと一体型のドアグリップは従来のデザインとは異なり、凝った形状をしている。ア

寸法／重量

全長	4550mm
全幅	1780mm
全高	1270mm
ホイールベース	2500mm
トレッド前	1480mm
トレッド後	1480mm
装備重量	
ヨーロッパ仕様	1730kg
US仕様	1780kg

ボディ／内装カラー

ボディ、本革、カーペットのカラーについては、365GTB/4の章の表を参照。シート中央の部分は格子縞のファブリックを選ぶことも可能で、その色は本革と合わせて以下のコード番号が用意された：12, 22, 23, 41, 43, 84。

365 GTC/4

365GTC/4はきわめて幅が広く、高さもあるセンターコンソールを備える。革巻きのステアリングホイールは、アルミ製スポークに穴があいていない。格子縞の内装張り地はこのモデルだけに採用されたものだ。

後席のレッグルームはきわめて限られている。背もたれを手前に倒すと、平らな荷物置き場になる。

ームレスト前部の上方に、三角窓の開閉ノブとドアレバーが位置する。アームレストの前方にはパワーウィンドーの故障時にハンドルを差し込むための穴があり、普段はプラグで塞がれた。パワーウィンドーのスイッチはセンターコンソールに並ぶ。

フロア、後席足元の垂直なパネル部分はカーペット張りである（運転席と助手席の足元はラバーマット張り）。用意されていたカーペットの色については365GTB/4の章、89ページの表に示した。センタートンネルおよびコンソール、前後ホイールアーチの室内側は内装と同色のビニールと革の組み合わせが標準である。ダッシュボード上面とグローブボックスリッドには黒いアルカンタラを張った。天井の内張りはアイボリー色のビニールで、周囲のルーフフレームにも同じ張り地が使われた。リアウィンドーピラーも同様である。リアパーセルシェルフには通常、黒またはシートと同色のビニールが張られた。サンバイザーはビニール張りで、助手席側にはバニティーミラーが付く。フロントウィンドーフレームの上部に取り付けられた防眩型ルームミラーは、安全のため衝撃を受けると脱落する構造を持つ。

センターコンソールの中央から突き出たシフトレバーは短く、根元は革製のブーツに覆われ、頭部には黒いプラスチック製ノブが備わる。アメリカ仕様では、安全基準に則ってこのノブの上面にシフトパターンが白く刻まれた。1速から4速が通常のHパターンを構成し、その

右前方が5速、右後方がリバースである。

このモデルでは、365GT 2+2よりもさらにダッシュボードとセンターコンソールの一体化が進んでいる。詳細については次項に記す。ハンドブレーキは前席の間、小物入れトレイの後部に取り付けられた。ボンネットリリースレバーはダッシュボードの下、外側の端に位置し、その隣には非常用の（ボンネット解放用）プルリングと、電源ソケットがある。同じくダッシュボードの下、ステアリングコラムの内側寄りの位置には、チョークレバーが吊り下げられた。前席足元には2個のルームランプが備わり、ドア開閉と連動して点灯。ルームランプはもう1個がサンバイザーの間に取り付けられ、同様にドアと連動して、あるいはレンズに組み込まれたスイッチで点灯する。

ダッシュボード／計器類

365GTC/4では、センターコンソールの側面パネルがダッシュボードの中央まで繋がっており、両者が一体となっている。ドライバーの正面に位置する角張ったメーターナセルには、スピードメーターとタコメーター、その間に油圧計と水温計が収まる。それぞれの計器は外側が四角で、内側が丸い艶消しブラックの四角いシュラウドに填め込まれた。スピードメーターシュラウドの左下部分にはトリップメーターのリセットボタンが、タコメーターシュラウドの右下には計器照明の調光ツマミがある。スピードメーターの文字盤にはオドメーターとトリップメーター、そして緑色のウィンカーインジケーターとサイドランプ点灯警告灯、青色のハイビーム警告灯が組み込まれている。タコメーターの文字盤にはチョーク、リアウィンドー熱線、予備（ドイツ仕様車ではハザード警告灯）、そしてブレーキの警告灯が備わる。ブレーキ警告灯はハンドブレーキを引いた状態／ストップランプの球切れ／油圧回路の圧力低下のいずれかで点灯する。センターコンソールの上部はダッシュボードの中央部と一体で、そこに4個の補助計器が並ぶ。いずれも四角いシュラウドに収まり、丸い文字盤は少しドライバー側に角度が付いている。計器類はすべて黒い文字盤に白で表示された。

4連の計器の下に収まるのはラジオで、その両側にはエアコンの調節ノブがある（風量と温度の調節）。エアコンの吹き出し口は、ダッシュボード上面の中央に位置する4連の吹き出し口のうち、内側の2個である（外側の2個はデフロスター用）。ラジオの下には、基部が四角いシフトブーツからシフトレバーが突き出る。その両側に、それぞれの側のヒーター／ベンチレーションを調節するスライドレバーが2本ずつ縦に並ぶ。上側のレバーで吹き出し口（ダッシュボード上面／足元）の切り替えを行い、下側のレバーでヒーターを調節する。ヒーター／ベンチレーション用のファンは、左右のフロントフェンダー前部に1基ずつ備わる。そこから吸い込まれた外気は、それぞれ左右が独立した長いダクトとヒーターユニットを通って、室内に吹き出す。左側スライドレバーの左上のトグルスイッチはラジオの電動アンテナ用、反対側の右上に位置するスイッチはハザード警告灯用である。

シフトレバーと灰皿の間に並ぶ4個のスイッチは、左側のヒーター／ベンチレーション用ファン、フロントウィンドー熱線（オプション）、リアウィンドー熱線、右側の換気／暖房用ファンをそれぞれ操作する。灰皿は蓋の下にシガーライターを内蔵。灰皿の下には左右のパワーウィンドーのスイッチがあり、フランスとイタリア向けの車ではその間にフォグランプ用スイッチが付いた。1972年1月1日以降に生産されたアメリカ仕様車では、センターコンソールのシフトレバー上にシートベルトの装着を促す警告灯が備わる（シートベルトのバックル部のスイッチと連動）。ダッシュボード助手席側のグローブボックスは、ロック可能なリッドと内部照明、ふたつのヒューズパネルを持つ。

ステアリングホイールは革巻きリムと飾りのないアルミ製スポークの組み合わせで、中央には黄色地に黒い縁取りと跳ね馬のマークが付いたホーンボタンを持つ。ステアリングコラムの左側から突き出た2本の細いレバーは、メッキ仕上げで先端に黒いプラスチック製ノブが付く。短い方がウィンカー用、長い方がサイドランプとヘッドランプのハイ／ロービーム切り替え、パッシング用である。コラム右側のレバーはウィンドーワイパーおよびウォッシャーを操作する。キー式で、ステアリングロックを内蔵したイグニッション／スタータースイッチは、ステアリングコラムシュラウドの右側に備わる（左ハンドル／右ハンドルを問わず）。

トランク

トランクの床下には、リアフェンダー側に2個のアル

メーターパネルは、内側が丸く外側が四角いシュラウドで構成される。ステアリングホイールは黒い革巻きリムと、アルミのスポークを持つ。

ミ製フューエルタンク（表面はグラスファイバー吹き付け）が収まる。その間のスペースがスペアホイールの収納場所で、普段はカバーパネルで隠れている。フューエルタンクの容量は105ℓ。フューエルフィラーは左側リアフェンダーに位置し、丸いリッドが備わる。給油の際には、左側の内側シルパネルに付いたレバー（施錠可能）を引く。非常用プルリングがトランク内の左前部、トリムパネルの裏側に設けられた。アメリカ仕様車では燃料蒸発ガス排出抑制装置を備えた。

トランクの床面と側面は黒いカーペット張りで、金属面はすべて艶のある黒色に塗られた。トランクの天井部分に取り付けられたランプは、リッドのスイッチプレートと連動して点灯する。リッドは自立式ステーを備える。トランクを開けるには、上記フューエルフィラー解放用レバーの隣にある同様なレバーを操作する。

エンジン

365GTC/4に搭載された排気量4390ccの60°V12エンジンは、最高出力320bhp／7000rpm、最大トルク44mkg／4000rpmを発揮する。このエンジンもシャシーと同様、フェラーリの新しい型式番号の付け方が初めて適用され、ティーポF 101 AC 000と呼ばれた。基本的には同時期の365GTB/4のユニットから発展したユニットだが、ふたつの大きな違いと、無数の細かい相違を持つ。大きな違いというのは、ウェットサンプとなった潤滑方式と、サイドドラフト型キャブレターの採用である。シリンダーヘッドの吸気側カムシャフトと排気側カムシャフトの間にインテークポートを設け、排気側カムシャフト（Vバンクの外側）の斜め上にキャブレターを装着した。これによりエンジンの全高を低くすることができた。

カムシャフトの駆動方法も365GTB/4用ユニットとは異なる。365GTB/4では、クランクシャフトの回転をチェーンを介して片バンクあたり1個の中継スプロケットに伝え、そこからギアによって2本のカムシャフトを駆動した。それが365GTC/4では、クランクシャフトの回転をブロック中央の中継ギアに伝え（ギア駆動）、そこからスプロケットとチェーンによって各カムシャフトのスプロケットを直接駆動する。タイミングチェーンの取り回し変更に伴い、アイドラースプロケットが2個に増え、テンショナーはスプロケット型からスリッパー型に代わり、位置も左側に移った。このテンショナーは当初、自動調整式だったが、ヨーロッパ仕様ではシャシーナンバー15259から、アメリカ仕様では15181から手動調整式に代わった。

各バルブはカムシャフトからバケット型のバルブリフターを介して開閉される。カム山とバルブリフター頭部の間には、バルブクリアランス調整用のシムが入る。前述のようにインテークポートは2本のカムシャフトの間、すなわちシリンダーヘッドの上方から燃焼室に混合気を送り込む。インテークポートの上部は排気側カムシャフトカバーと一体で成型された。装着キャブレターはヨーロッパ仕様車がウェバー38DCOE59/60で、アメリカ仕様が38DCOE59/60Aである（59という数字は左側バンク用、60は右側用を示す）。エンジンルーム内では、金属製のパイプが各キャブレターに燃料を供給する。スロットルリンケージのロッドは、吸気側カムカバーと一体で鋳造のブラケットにベアリングを介して保持され、スロットルペダルから伸びる1本のロッドと繋がる。2基のベンディックス製電磁式フューエルポンプ（476087）が車体後部、フューエルタンク近くのシャシーフレームに備わる。ポンプとタンクとの間にフィスパ製ボウル型フィルター（128F）、ポンプとキャブレターの間にフィスパ製（3064-02）フィルターが付く。各ポンプは、イグニッションをオンにすると直ちに作動し、内蔵のレギュレーターによって燃圧を約0.3kg/cm²に保つ。ポンプとキャブレター間のフィルターは1972年10月以降の生産車では廃止となった。

シリンダーVバンクの外側に位置するのが、片側2つの3本に枝分かれしたエグゾーストマニフォールドである。マニフォールドにはヒートシールドが備わる。ヒートシールドは、マニフォールドとエグゾーストパイプの接続部にも付く。アメリカ仕様車のマニフォールドには、断熱材と排ガス測定用の差し込み口を持つスチールプレ

車載工具

- 両口スパナセット（8〜22mm、7本組）
- プラスドライバー（直径〜4mm用）
- プラスドライバー（5〜9mm）
- スパークプラグレンチ
- ロングプライヤー（180mm）
- マイナスドライバー（長さ120mm）
- マイナスドライバー（150mm）
- オイルフィルターレンチ
- スパークプラグ2本
- ヒューズセット
- 電球セット
- キャブレター用スパナ
- 鉛製ハンマー（1kg）
- ハブナット用スパナ（US、オランダ、ドイツ、スウェーデン仕様）
- ハンマー（500g）
- シザーズ型ジャッキとハンドル

エンジン

形式	60°V12
型式	F 101 AC 000
排気量	4390cc
ボア・ストローク	81×71mm
圧縮比	8.8:1
最高出力[1]	320bhp／7000rpm
最大トルク[1]	44mkg／4000rpm
キャブレター：ヨーロッパ仕様	ウェバー38DCOE59/60　6基
US仕様	ウェバー38DCOE59/60A　6基

[1] ヨーロッパ仕様

タイミングデータ

インテークバルブ開	43° BTDC
インテークバルブ閉	38° ABDC
エグゾーストバルブ開	38° BBDC
エグゾーストバルブ閉	34° ATDC
点火順序	1-7-5-11-3-9-6-12-2-8-4-10

上記バルブタイミングの値は、バルブクリアランスがバルブリフターとカムシャフト間で0.5mmの状態で測定する。エンジン冷間時の規定バルブクリアランスは、インテーク側が0.1〜0.15mm、エグゾースト側が0.25〜0.3mm。バルブリフターとカムシャフトの間で測定する。

各種容量（ℓ）

フューエルタンク	105
冷却水	13.0
ウィンドーウォッシャータンク	2.0
エンジンオイル	16.0
ギアボックスオイル	5.0
ディファレンシャルオイル	2.5

ス成型のシュラウドが取り付けられた。また同じくアメリカ仕様車では、キャビン下のサイレンサーアセンブリー全体をスチール製断熱シュラウドが覆った。ヨーロッパ仕様では、マニフォールドとサイレンサーボックス間の接続方法が差し込み式。アメリカ仕様では、サイレンサーボックスへの接続はすべてフランジ式である。全仕様とも片側2本のメッキテールパイプが付いた。その端部は斜めにカットされ、上側が下側より突き出している。

エアクリーナーボックスはスチールプレス成型品で、これはカムカバーと同様な縮み模様のブラック塗装が施されている。側面のカバーパネルは上下3個ずつのクリップで固定する。各ボックスに1個、内周に沿った形の大型のエレメントが収まる。インテークダクトには手動の切り替えレバーが備わり、夏期には前方に真っ直ぐ伸びてラジエターの脇に達する先端部からエアを取り入れ、冬期には付け根に位置する切り欠きからエグゾーストマニフォールドで暖められたエアを取り入れる。アメリカ仕様では、このインテークにエンジンの油圧で作動するバルブが装着され、エンジン停止と同時にインテークが閉じ、エアクリーナーに導かれたブローバイガスが漏れない構造になっている。始動時にはスターターモーターによるクランキングでエンジン内に発生する負圧で、別な吸気バルブが開いて、始動に必要なエアを供給。いったん始動した後は、油圧によってメインバルブが開く仕組みである。

アメリカ仕様車にはそのほかにも、スロットルリンケージにファーストアイドル機構を持ち、排気ガスに含まれる未燃焼ガスを最小限に抑えるエアインジェクション装置を備える。それらの詳細については、365GT 2+2の章を参照されたい。

点火系統については、ヨーロッパ向けの車ではマレリS129E型ディストリビューターを1基備え、右側エグゾーストカムシャフトから駆動力を得ている。イグニッションコイルはマレリBZR201Aを2個使用する。いっぽうアメリカ仕様では、左右のシリンダーバンクごとにマレリS138B型ディストリビューターを装着し、エグゾースト側カムシャフトで駆動。各バンクに1組のイグニッションコイル（マレリBAE200A）およびセミトランジスター式点火ユニット（マレリDinoplex AEC103A）が、高圧電流を供給する。

365GTC/4のエンジンはウェットサンプ式で、ギア式のオイルポンプがウォーターポンプとともにエンジン前部下側のハウジングに収まる。これらのポンプは、専用の2列式チェーン（オートマチックテンショナー付き）でクランクシャフトのスプロケットから駆動される。ヨーロッパ仕様ではシャシーナンバー15081から、アメリカ仕様では15181から、オイルプレッシャー・リリーフバルブがポンプハウジング内に移った（それまではエンジンVバンク上部に位置する2連フィルターの前方）。潤滑系統には、ラジエターのフレームに装着のオイルクーラーと、一定の油温に達すると開くバルブが備わる。クランクケース内のブローバイガスは、フレキシブルホ

キャブレターがサイドドラフト型に代わり、エアクリーナーボックスがふたつに分かれてエンジン側面に移ったため、ボンネットを開けると4.4ℓエンジンのほぼ全体の姿が見える。2個のオイルフィルターもVバンクの中央に居場所を変えた。

ースを通って2連のオイルフィルターの後方に位置するキャニスターに蓄えられ、エンジン動作中にインテークマニフォールドおよびエアクリーナーハウジングから燃焼室に吸い込まれる。通常の油圧は油温110〜120℃、6800rpmで5.5〜6.5kg/cm²。最低限度は同条件で4.5kg/cm²である。

ウォーターポンプはラジエター底部からボトムホースを介して冷却水を吸い込み、エンジン内部の通路に送り込む。冷却水はタイミングチェーンケースの上部中央から出たトップホースを通って、ラジエターに戻る。トップホースは途中で枝分かれして、ボトムホースの中間に設けられたサーモスタットに繋がる。このサーモスタットは水温が83℃に達するまでラジエター側が閉じたまま、したがって冷却水はラジエターを通らずに循環する。ラジエターの前方には、プレッシャーキャップ付きのエクスパンションタンクが位置する。

エアコン用コンプレッサーはエンジンブロック前面右のブラケットに取り付けられ、クランクシャフトプーリーからVベルトで駆動される。クランクシャフトプーリーは別なベルトでステアリングポンプを駆動し、さらにもう1本のベルトでオルタネーターへと駆動力を伝達する。エアコンのコンデンサーはラジエターの前面に取り付けられ、その前面には2基のラジエター冷却ファン（エアコンと連動）が位置する。

トランスミッション

駆動系統全体の構成は基本的に365GT 2+2と同じであるが、ギアボックスとディファレンシャルケースに違いが見られる。外側のリブが異なるほか、365GTC/4ではギア式のオイルポンプが省かれた。4カムシャフトエンジンの採用と車重の増加に合わせてギア比も見直された。詳細は別表に記す。

ギアボックスはフルシンクロの5段ユニット。クラッチは単板乾式のボーグ&ベック製BB9/445Aで、ダイアフラム型スプリングを用いる。作動はケーブル式で、ペダルには踏力軽減のためのヘルパースプリングが付く。ギアボックス前部の右上にはバックアップランプ用スイッチが取り付けられ、ギアボックス後部左側にはスピードメーターケーブルの取り出し口が位置する。

駆動力はギアボックスのアウトプットシャフトから、スプラインで結合された中空のプロペラシャフトを介し、後端のドーナツ型フレキシブルジョイントを経てディファレンシャルへと伝わる。365GT 2+2に比べて短いプロペラシャフトは、当初トルクチューブの中間ベアリングを持たなかったが、シャシーナンバー16135（ヨーロッパ仕様）および15481（アメリカ仕様）以降の車はシャフトの前端にベアリングが組み込まれた。ディファレンシャルユニットはZF製のリミテッドスリップ型で、2個のマウントでシャシーに保持された。ディファレンシャルケースの後面にはオイルフィラー兼レベルプラグが、下面にはドレンプラグが付く。ハーフシャフトは、Lobro製の一体型スライディングCVジョイントである。

電装品／灯火類

電装系統は12Vのマイナスアースで、バッテリーは77Ah。マレリGCA115A型オルタネーターがエンジン前面、左上に備わり、パワーステアリングポンプからVベルトで駆動される。スターターモーターもマレリ製で、ソレノイド一体型である。ツインのエアホーンがエンジンルームの前部に取り付けられた。2個のヒューズパネルはグローブボックス内に位置する。

灯火類はすべてキャレロ製である。格納式のヘッドランプは、ヘッドランプスイッチを入れると、モーターの力でポップアップする。モーターが故障した場合は、手で動かすことも可能だ。外側のヘッドランプがハイビーム、内側がロービームである。ラジエターグリルの両端にはサイドランプ／ウィンカーが付く。その内側寄りにはドライビングランプが並ぶ。このランプはドイツ、イギリス、スイス向けの車では、昼間のヘッドランプパッシング用として機能する。すべてのヨーロッパ仕様車は、フロントフェンダーの側面前部にオレンジ色の小さな丸いウィンカーを備える。アメリカ仕様車では、同じ位置にオレンジ色の四角いサイドマーカーランプ（メッキリム付き）が埋め込まれ、リアフェンダーの後部にも同様なランプがついた。

黒に塗られたテールパネルには、メッキのトリムリングが付いた3連の丸型ランプが左右1組ずつ並ぶ。外側がオレンジ色（アメリカ仕様では赤色）のウィンカー、その隣が赤いストップ／テールランプ、そして内側が赤いリフレクターである。長方形のバックアップランプがバンパー中央から吊り下げられ、トランクリッド後端に2個のナンバープレートランプが組み込まれた。

ドアフレーム後端にはドアが開くと点灯して後続車に注意を促すランプが備わる。そのほか、エンジンルームに2個、トランクに1個、リッドと連動して点灯するランプが付いた。フロントのサイドランプ／ウィンカーのレンズは仕向け地によって、オレンジまたはクリアである。フランス仕様車はヘッドランプにイエローバルブを用いた。ヘッドランプロービームは、左ハンドル車では右寄り、右ハンドル車では左寄りの配光となっている。

ギア比

	ギアボックス	総減速比
1速	2.492:1	10.194:1
2速	1.674:1	6.848:1
3速	1.244:1	5.089:1
4速	1.000:1	4.090:1
5速	0.801:1	3.277:1
リバース	2.416:1	9.884:1
ファイナルドライブ	4.090:1 (11:45)	

サスペンション／ステアリング

フロントサスペンションは、不等長ダブルウィッシュボーン（スチール鍛造品）とコイルスプリング／ダンパーの組み合わせで、365GTB/4モデルときわめてよく似た構成を持つ。ただしスタビライザーはロワーウィッシュボーンではなく、垂直なリンクを介して左右のアッパーウィッシュボーンの間を結んでいる。

リアサスペンションは365GT 2+2とほぼ同一で、形式は不等長ダブルウィッシュボーン（スチール鍛造およびプレス成型品）である。ハブキャリアの後ろ側をコイルスプリング／ダンパーが、前側をコニ製7100-1012-OFF2169型油圧式セルフレベリングユニットが保持する。スタビライザーが左右のロワーウィッシュボーンを結ぶ。

前身にあたる365GT 2+2と同様、365GTC/4はパワーステアリングを標準で備える。Vベルト駆動のZF製ポンプがタイミングチェーンケース前部中央のブラケットに取り付けられ、エンジンルーム前部に位置するリザーバータンクと、シャシーのフロントクロスメンバーに装着されたZF製ステアリングギアボックスに繋がる。

回転直径は13m。全生産期間を通じて、左ハンドル／右ハンドルの両仕様が選べた。

ブレーキ

ブレーキシステムは、4輪とも鋳鉄製ベンチレーテッドディスク、各ホイール1個の4ポットキャリパーから構成される。このシステムはバキュームサーボ（ボナルディ14-07321型）を備え、右側インテークカムシャフト前端に取り付けられた専用のバキュームポンプ（ボナルディ14-06341型）から負圧を得る。

タンデム型マスターシリンダーは独立した2系統のブレーキ油圧回路と繋がり、各輪の4ポットキャリパーに備わる2組の対向ピストンに対し別々に油圧を供給する。リアブレーキの油圧回路にはプロポショーニングバルブが組み込まれる。2系統の油圧回路に圧力差が生じると、スイッチによってダッシュボードの警告灯が点灯。この警告灯はハンドブレーキを引いた状態、およびストップランプの球切れでも点灯する。

ハンドブレーキレバーは前席の間に位置し、ロッドとケーブルによるリンケージを介して、リアブレーキディスクのハブ内側に設けられた専用のシューを作動させる。このシューを調整するには、ハブに設けられた2個の穴にマイナスドライバー等を差し込んでアジャスターを回す。ケーブルの調整は、キャビン下で2本のケーブルとリンケージロッド、およびリンケージロッドとレバーの接続部分で行う。フットブレーキペダルは吊り下げ式で、クラッチペダルと同様にペダルパッドの高さ調整機構を持つ。

通常の条件下における推奨ブレーキパッドは前後ともフェロードI/D330である。

右ハンドル仕様のヨーロッパ向けモデルの灯火類。小さな丸いサイドウィンカーはアメリカを除くすべての仕向け地で共通。アメリカ仕様車では、大型のサイドマーカーランプが、前後のフェンダーに装着された。

主要電装品

バッテリー	12V, 77Ah
オルタネーター	Marelli GCA115A
スターターモーター	1.8CV
点火装置：ヨーロッパ	Marelli S129Eディストリビューター1個 Marelli BZR201Aコイル2個
点火装置：US	Marelli S138Bディストリビューター2個 BAE200Aイグニッションコイル2個
スパークプラグ	Marelli CW89LP または Champion N6Y プラグギャップ0.5〜0.6mm

ファクトリーの発行物

1971年
- 365GTC/4のセールスカタログ。[ファクトリーの参照番号：50/71]

1972年
- 365GTC/4のセールスカタログ。上記[50/71]と同一のものだが、参照番号の記載なし。
- 365GTC/4のオーナーズハンドブック。ゴールド／黒／白の表紙。[54/71]
- 365GTC/4のセールスカタログ。（[50/71]と同一）。[55/71]
- 365GTC/4のUS顧客向け小冊子。[56/71] 3回にわたって発行。
- 365GTC/4のタイアに関する小冊子。[57/71]
- 365GTC/4のメカニカル・スペアパーツカタログ。ゴールド／赤／黒色の表紙。[59/71] 様々な改良・変更・補足（右ハンドル仕様の詳細を含む）を収録して1972年10月まで何回も再発行。
- US仕様の365GTC/4向けオーナーズマニュアル追補版。[63/71]

1973年
- 365GTC/4用ワークショップマニュアル。青色のリング式バインダー。[79/73]

365 GTC/4

サスペンションセッティング	
前輪トーイン	5〜7mm
前輪キャンバー	+0°40'〜+1°
後輪トーイン	10〜20mm
後輪キャンバー	-1°20'〜-1°40'
キャスター角	3°（固定）
前輪ダンパー	Koni 82T1750
後輪ダンパー	616-601791　＋セルフレベリングユニット（Koni 7100-1012-OFF2169）

ホイール／タイア

標準のホイールは5本スポーク型、サイズ7.5×15インチの軽合金ホイール。仕上げは、光沢のあるシルバーにクリアラッカー塗装である。取り付けはセンターロック式で、アメリカ、ドイツ、オランダ、スウェーデン向けの車では8角のナット、それ以外の車は角度の付いた3本耳のナットを用いた。使用するナットに合わせて車載工具は異なる。

メッキスポークとポリッシュアルミリムを持つボラーニ製ワイアホイール（7.5×15インチ）はオプション。これもセンターロック式で、軽合金ホイールと同様に、マーケットごとに異なるスピナーを使用した。

スペアホイールはトランクの床下に収納される。標準装着のタイアについては別表を参照。

ホイール／タイア	
ホイール前後	7½×15　5本スポーク型軽合金鋳造ホイール オプション：Borrani ワイアホイール（軽合金リム）RW4075型
タイア前後：	ヨーロッパ仕様　Michelin X 215/70VR-15チューブレス US仕様　Michelin FR70VR-15 または 215/70VR-15

標準の7.5×15インチ、軽合金ホイール。アメリカなどの国では、耳の付かないセンターナットを用いた。

識別プレート
1. シャシーナンバーを前部サスペンションスプリング取り付け部の上のフレームに打刻。
2. エンジンナンバーをブロックの左側に打刻。
3. 車両型式／エンジン型式／シャシーナンバーを打刻したプレートをエンジンルームの右側インナーフェンダーパネルに装着。その下にオイル類を記したプレートを装着。US仕様車では安全基準と排ガス基準に適合させるために以下のプレートを追加。
4. 車両型式とシャシーナンバーのプレートを、室内のステアリングコラムシュラウドの上面に装着。
5. 車両型式、シャシーナンバー、生産年月を記載したプレートを、運転席側のドアポスト、ストライカープレートの下に装着。
6. タイアの諸元値と車両積載容量を記したラベルを、運転席側のサンバイザーに貼付。
7. 排ガス規制適合のラベルを、エンジンルーム内に貼付。
8. 排ガス浄化装置の整備スケジュールを記したラベルをエンジンルーム内に貼付。

生産データ
1971〜1973年、シャシーナンバー：14179〜16289、生産台数：500台

Chapter 10
365 GT4 2+2

　1972年のパリサロンで発表された365GT4 2+2は、365GT 2+2の真の後継モデルであった。メカニカルな部分は基本的に365GTC/4のそれとほぼ同じだが、この新しいモデルでは、長いホイールベース（2700mm）により後席のレッグルームを充分に確保。そしてキャビンの形状をクーペではなく3ボックスとしたことで、ヘッドルームもかなり広くなった。細かい部分では、リトラクタブル式ヘッドランプ、ドアハンドル、5本スポーク型軽合金ホイール、3連の丸型後部ランプなど、365GTC/4から受け継いだデザインを持つ。ボディ側面の半円形に凹んだプレスラインには、365GTB/4の影響も認められる。とはいえ、それ以外はまったく新しいボディを持つ。これまで同様、デザインはピニンファリーナが担当。洗練されてはいるが、伝統的な3ボックススタイルである。輪郭は同じデザインスタジオから生まれたフィアット130クーペに似ていなくもない。

　このモデルの生産は1976年まで続き、計521台（プラス3台のプロトタイプ）が造られた。その後釜として登場した400シリーズは4.8ℓエンジンを積み、365GTC/4ときわめてよく似たボディを持つ。異なる点は、5本のボルトで固定するホイール、2連の丸型後部ランプ、ノーズスポイラーくらいしかない。この400シリーズは、フェラーリの生産型モデルとして初めてオートマチックトランスミッションを備えた。このシリーズは主に細かい表面的な変更を受けながら生産が続けられ、1979年にはフューエルインジェクションを装備した400iが登場。さらに1985年には5ℓの412へと進化し、412は1989年まで造られた。ひとつのボディスタイルが17年もの長きにわたって続いたことからも、最初のコンセプトがいかに正しいものであったかがうかがえる。

　このシリーズは、全生産期間を通じて北米では型式認定を受けなかった。これは比較的少ない生産台数と、厳しくなるいっぽうの基準（特に排ガス規制と衝撃吸収バンパーの装着義務）に対応するためのコストの問題によ

365GT4 2+2のボディは、前身モデルの365GTC/4の角張ったイメージを発展させたものである。ボディ側面のプレスラインは365GTB/4から受け継いだ。フロントとリアのウィンドーがほぼ同様な角度で傾斜して、バランスのとれたキャビンを形づくっている。艶消しアルミのルーバーはラジエターの冷却風を逃がすためのもの。

365 GT4 2+2

るものであった。結果的に、1973年に365GTB/4が生産中止となると、テスタロッサが発表される1984年までアメリカでは12気筒フェラーリの販売が途絶えていた。

ボディ／シャシー

365GT4 2+2のシャシーは、365GTC/4から始まった新しい型式番号の付け方に則って、ティーポF 101 ALと呼ばれた。200mm長いホイールベースと、10mm狭いフロントトレッド、20mm広いリアトレッドを除けば、365GTC/4とほとんど同じシャシーである。構造はこの時期のフェラーリに共通するもので、その詳細についてはほかの章ですでに説明した。仕上げは光沢のある黒い塗装だ。

ボディはピニンファリーナが製作まで担当した、平坦な面から構成される角張ったデザインを持つ。前述のように、先代モデルとの共通点は少ない。3ボックスのボディシェイプを得て、後席の居住性ははるかに向上した。左右のフェンダー側面に回り込んだフロントバンパーと、横幅いっぱいに広がったリアバンパー間を結ぶ、ボディ側面のプレスラインがスタイリングのアクセントとなっている。キャビンは大きなガラスエリアを特徴とする。直線的なリアピラーを持つリアウィンドーは、フロントウィンドーに近い角度で傾斜し、両者がバランスのとれた美しい横顔を形づくっている。ボディはスチールパネルの溶接で製作され、ボンネットとトランクリッドにはスチール製フレームとアルミパネルを用いた。

外装／ボディトリム

365GT4 2+2のフロントはバンパーの下に、横幅いっぱいに広がる角張ったラジエターグリルを持つ。中に薄いアルミ板を組んだ格子が埋まり、その奥にドライビングランプを装着する。光沢のある黒い仕上げのスチール製フロントバンパーは3つのパーツから成り、側面はホイールアーチにまで達し、後端には小さな丸いサイドウィンカーが付いた。ノーズパネル上面には、両側に四角いサイドランプ／ウィンカーが面一に埋め込まれ、外側の端は側面が三角形に処理されている。リアバンパーもスチール製で、光沢のある黒い仕上げだ。バッジ類は、まず長方形のエナメル製フェラーリ・エンブレムがノーズパネルを飾る。そしてリアではトランクリッドの後端にフェラーリの文字のメッキバッジが、テールパネルの右

下：1972年に発表された365 GT4 2+2のボディデザインは、ほとんど変わらぬ姿のまま、400および412シリーズに受け継がれ、1989年まで造られ続けた。
右：両側のフロントフェンダーに付いたピニンファリーナのエナメル製の盾型バッジとロゴの入ったアルミ製バッジ。

側、後部ランプより内側にメッキのカヴァリーノ・ランパンテが装着された。フロントフェンダー側面の下部には、ピニンファリーナの細長いバッジと盾型のエナメル製バッジが付いた。フロントヒンジのボンネットは前寄りに、ラジエターの冷却風を逃がすための大きなアルミ製ルーバーを持つ。このボンネットは両側に2本の油圧式ストラットが備わり、開くとそのまま支持される。フューエルフィラーリッドは左側リアフェンダー、ピラーの下方に位置する。

光り物の類は、艶消しアルミ製のボンネットルーバー、ステンレススチール製のウィンドーフレーム、メッキのドアハンドルしかない。ウィンドーワイパーのアームとブレードの枠は光沢のある黒い塗装仕上げだ。

ガラス類はすべて無着色で、フロントウィンドーには合わせガラスを用いた。2段スピード式のワイパーは左ハンドル仕様車では右側に、右ハンドル車では左側に停止する。ドアはパワーウィンドーと、固定式の三角窓を備えた。リアのクォーターウィンドーは固定式。リアウィンドーは熱線入りで、センターコンソールのスイッチで操作する。

塗装

塗色については365GTB/4モデルと同様である。用意されていたカラーの一覧表は365GTB/4の章、86ページを参照。ピニンファリーナで製作された365GT4 2+2のボディは、PPGまたはデューコ社の塗料を使用した。

内装／室内トリム

シートはすべて革張りで、トリムパネルには革とビニールが使われた。内装色については、365GTB/4の章、89ページの表を参照されたい。フロントシートはクッション前端の下にあるレバーで前後調整が可能で、バックレストは基部のレバーで大まかに角度を変え、黒いプラスチック製ノブで微調整することができる。後席に出入りする際は、バックレスト側面上部のレバーを操作してバックレストを前に倒す。後席はそれまでのフェラーリ2+2モデルで最も広々としており、ヘッドルームやレッグルームに関してだけでなく、快適性の点でも優れていた。背もたれは左右別々に革が張られ、クッションも中央のアームレストで仕切られている。外側にもアームレストが備わり、トリムパネルには小物入れが付いた。前席は固定式／3点式シートベルトを備え、後席には3点式シートベルトのアンカーポイントが設けられた。

ドアのアームレストはドアグリップと一体で、グリップ部の上方のドアパネルにドアレバーが付く。アームレストの張り地は通常、内装と同じ色が使われた。グリッ

ゆったりとした座り心地のフロントシート。センターコンソールとダッシュボードは365GTC/4ときわめて似ている。

寸法／重量

全長	4810mm
全幅	1798mm
全高	1314.5mm
ホイールベース	2700mm
トレッド前	1470mm
トレッド後	1500mm
乾燥重量	1790kg

365 GT4 2+2

ボディ／内装カラー

ボディ、本革、カーペットのカラーについては、365GTB/4の章の表を参照。

プの前方には、パワーウィンドー故障時に応急用ハンドルを差し込む穴があり、普段は丸いプラグで塞がれている。ドアパネル前部の下側には、ラジオ用スピーカーの黒いグリルが付いた。

フロアと、リアシート真下の垂直のパネルはカーペット張りで、運転席と助手席の足元部分にはラバーマットが溶着された。カーペットのカラーバリエーションについては、365GTB/4の章、89ページの表を参照。ダッシュボード、グローブボックスリッド、センタートンネル／コンソールは黒いアルカンタラ張り。センターコンソール前部の上面パネルはチークのベニヤ張りである。天井の内張りはアイボリー色のビニールで、ルーフフレームおよびリアピラーにも同じ張り地を用いた。リアパーセルシェルフには黒いビニール、または内装と同じ張り地が使われた。

サンバイザーはビニール張りで、助手席側にはバニティーミラーが付いた。両者の間には防眩型のルームミラーが装着された。このルームミラーは、安全のため衝撃が加わると脱落する構造となっている。

センターコンソールの中央から突き出たメッキのシフトレバーは短い。付け根は革製のブーツで覆われ、先端には黒いプラスチック製のノブが付く。その上面にはシフトパターンが白で刻まれた。センターコンソールは365GTC/4に比べて、小物入れトレイの部分が長いほか、後端に灰皿が備わる。ハンドブレーキレバーはコンソールの後部に取り付けられた。ダッシュボードの下、外側にはボンネットリリースレバーが設けられ、非常用のプルリングと、電源ソケットがその隣に位置する。ルームランプは、サンバイザーの間のルーフと、リアウィンドーフレーム上部中央の2箇所に備わり、ドアの開閉と連動して、およびレンズに組み込みのスイッチによる手動で点灯する。

リアシートは、前席をよほど後ろに下げない限り、充分な快適性が得られた。広々としたリアウィンドーゆえ、狭苦しい感じはない。

ダッシュボード／計器類

365GT4 2+2のダッシュボードおよび計器類は、365GTC/4のものとほとんど同一である。メーターナセルとダッシュ中央の計器、警告灯などはGTC/4と同じ配列で収まる。センターコンソールに並ぶレバーやスイッチ類も同様である。ただし、シフトレバーの左下のレバーがチョークレバーとなり、右下のレバーが左右両側のヒーター調節用に代わった。

ダッシュボード上面に並ぶ4連の丸いエア吹き出し口は、365GTC/4では中央の2個がエアコン用、外側の2個がデフロスター用だったが、365GT4 2+2では4個ともエアコン用となった。その代わり、ダッシュボード上面のウィンドーに沿った部分に、4つのデフロスター用スロットが設けられた。

ステアリングホイールは革巻きスポークと、アルミスポークの組み合わせで、中央に跳ね馬のマークが付いたホーンボタンを持つ。ステアリングコラム左側から突き出た2本のレバーは、短い方がウィンカー用、長い方がサイドランプ、ヘッドランプのハイ／ロービーム切り替え、パッシング用である。コラム右側のレバーはウィンドーワイパーおよびウォッシャー用。キー式のイグニッション／スタータースイッチ（ステアリングロック内蔵）は、ステアリングコラムシュラウドの右側に位置する。

トランク

トランクの床下には、アルミ製で表面にグラスファイバーを吹き付けたフューエルタンクが左右に分かれて収まり、その間がスペアホイールの収納場所となっている。タンクの容量は118ℓ。フューエルフィラーは左側フェンダーの丸いリッドの下に隠れる。このリッドを開くには、運転席とサイドシルの間に位置するレバーを操作する。リンケージが故障した場合は、トランクルーム内に非常用レバーがある。

トランクの床面と側面は黒いカーペット張りで、金属面はすべて光沢のある黒い塗装仕上げだ。トランクの天井部分に取り付けられた照明は、リッドと連動して点灯する。トランクリッドのロックを解除するレバーは、前述のフューエルフィラーリッド用レバーにある。これらのレバーは施錠可能だ。

内側が丸く外側が四角い個別のシュラウドに収まる計器類は、365GTC/4と同様のスタイルだ。ダッシュボード中央の4連の計器はドライバー側に少し角度が付いた。

エンジン

排気量4390cc、60°V12エンジンは潤滑がウェットサンプ式で、サイドドラフト型キャブレターを備え、最高出力320bhp／7000rpm、最大トルク44mkg／4000rpm.を発揮する。このユニットは365GTC/4に搭載のものとほぼ同一で、ファクトリーの型式も同じF 101 AC 000である。各補機類の取り付け位置や駆動方法もほとんど同様だ。パワートレーンのシャシーへの搭載にも変更はなく、エンジンに2個、ディファレンシャルに2個、計4個のマウントを用いる。このエンジンのチェーンテンショナーは、365GTC/4の後期型に使われた手動調整式である。

燃料はタンク出口のメッシュフィルターと、ポンプ入口のフィスパ製ボウル型フィルターを通って、タンク前方のシャシーフレームに取り付けられた2基のベンディックス製電磁式ポンプ（476087型）に吸い込まれる。このポンプは内蔵のレギュレーターにより燃圧を$0.3kg/cm^2$に保つ。

エグゾーストシステムは365GTC/4と似た構成を持つ。マニフォールドと2連のサイレンサーとの接続はフランジ留め、サイレンサーとテールパイプアセンブリーとの接続は差し込み式である。このテールパイプアセンブリーにはさらに小型のサイレンサーが付く。マニフォールドの上部と後部、そしてキャビン下の左右2連のサイレンサーにはヒートシールドが取り付けられた。

キャブレターおよびエアクリーナーボックスの配置も、365GTC/4と何ら変わりない。点火系統には若干の違いがあり、ヨーロッパ仕様の365GTC/4がマレリS129E型ディストリビューター1基を使っていたのに対し、365GT4 2+2ではS138B型が2個となった。

潤滑系統、ブローバイガス還元装置、冷却系統、エアコン装置、ブレーキのバキュームサーボ用ポンプ、パワーステアリング用ポンプなどすべて365GTC/4の章で説明したとおりである。ただし冷却系統はエクスパンションタンクがラジエター右側に移った。365GT4 2+2では、オイルプレッシャーリリーフバルブは全車ともポンプハウジングに内蔵された。油圧は油温110〜120℃、6800rpmで5.5〜6.5kg/cm^2が標準値、4.5kg/cm^2が最低限度である。

車載工具

- シザーズ型ジャッキ（ラチェットハンドル付き）
- 両口スパナセット（6〜22mm、7本組）
- ロングプライヤー（180mm）
- マイナスドライバー（長さ120mm）
- マイナスドライバ（150mm）
- プラスドライバー（直径〜4mm用）
- プラスドライバー（5〜9mm）
- スパークプラグレンチ
- ウェーバーキャブレター用スパナ
- オイルフィルターレンチ
- スパークプラグ2本
- 電球セット
- ヒューズセット
- 鉛製ハンマー（2.5kg）
- ハブナット用スパナ（鉛製ハンマーに代えて、US、オランダ、ドイツ、スウェーデン仕様）
- 三角表示板

深さはそれほどないが、使いやすい内部形状で、4人分の荷物を充分積むことができる。スペアホイールは床面、カバーパネルの下に収まる。

365 GT4 2+2

365GTC/4と同仕様の4.4ℓ V12エンジン（ティーポF 101 AC 000）を積む365GT4 2+2のエンジンルームは、前者とほとんど同じレイアウトを持つ。2個のオイルフィルター後方の円筒は、ブローバイガス還元装置を構成するキャニスター。

エンジン

形式	60°V12
型式	F 101 AC 000
排気量	4390cc
ボア・ストローク	81×71mm
圧縮比	8.8:1
最高出力	320bhp／7000rpm
最大トルク	44mkg／4000rpm
キャブレター	ウェバー38DCOE59/60　6基

タイミングデータ

インテークバルブ開	43°BTDC
インテークバルブ閉	38°ABDC
エグゾーストバルブ開	38°BBDC
エグゾーストバルブ閉	34°ATDC
点火順序	1-7-5-11-3-9-6-12-2-8-4-10

上記バルブタイミングの値は、バルブクリアランスがバルブリフターとカムシャフト間で0.5mmの状態で測定する。
エンジン冷間時の規定バルブクリアランスは、インテーク側が0.1～0.15mm、エグゾースト側が0.25～0.3mm。バルブリフターとカムシャフトの間で測定する。

各種容量（ℓ）

フューエルタンク	118
冷却水	13.0
ウィンドーウォッシャータンク	2.0
エンジンオイル	18.75
ギアボックスオイル	3.1
ディファレンシャルオイル	2.5

トランスミッション

ドライブトレーンの全体的な構成は365GTC/4の基本的に同じだ。ただし、車重の増加に合わせて各ギア比と最終減速比は変更されている（別表参照）。

ホイールベースが延長された分、プロペラシャフトが長い。このシャフトは中空ではなく、ギアボックス側、ディファレンシャル側ともにスプラインを介して接続され、ドーナツ型のラバージョイントは使っていない。またシャフトが長くなったことで、トルクチューブの途中にベアリングが設けられた。

シフトパターンは1速から4速がH型を形成し、その右前方が5速、右後方がリバースである。

電装品／灯火類

電装系統は12Vのマイナスアースで、バッテリー容量は77Ah。エンジン前部左上に取り付けられたマレリGCA115A型オルタネーターが、パワーステアリングポンプのプーリーからVベルトで駆動される。マレリ製のスターターモーターはソレノイド一体型。ツインのエアホーンがラジエター前方に装着され、ステアリングホイール中央のホーンボタンで作動する。主な電装品の仕様については別表を参照のこと。ヒューズパネルはグローブボックスの奥に位置する。グローブボックスの下、助手席足先のパネルを開けると、各種のリレーが取り付けられている。

灯火類はすべてキャレロ製である。ツインのヘッドランプはリトラクタブル式のポッドに装着された。このポッドはモーターで開閉するが、モーター故障時には手で

動かすこともできる。外側のランプがハイビームで、内側がロービームである。ラジエターグリルの両端には、格子の裏にドライビングランプが取り付けられた。このランプは、ドイツ、スイス、フランス向けの車では昼間のヘッドランプパッシング機能を持つ（フランス仕様ではレンズがイエロー）。オーストラリア、オーストリア、イギリス、アイルランド、イタリア、南アフリカの各国では、その位置にフォグランプが付いた。フロントのサイドランプ／ウィンカーには、仕向け地によってクリア／オレンジ、あるいはクリアのレンズが装着された。

テールパネルには、メッキのトリムリングが付いた丸

ギア比

	ギアボックス	総減速比
1速	2.590:1	11.137:1
2速	1.706:1	7.336:1
3速	1.254:1	5.392:1
4速	1.000:1	4.300:1
5速	0.8145:1	3.502:1
リバース	2.240:1	9.632:1
ファイナルドライブ	4.300:1 (10:43)	

型ランプが左右3個ずつ並ぶ。外側のレンズはオレンジ色のウィンカー、その隣が赤いストップ／テールランプ、そして内側が赤色のリフレクターである。バンパー中央の下には長方形のバックアップランプが吊り下げられ、トランクリッドの後端には2個のナンバープレートランプが組み込まれた。

全車、ドアフレーム後端にはドアが開くと点灯して後続車に注意を促すランプが備わり、エンジンルームとトランクにはリッドと連動して点灯する照明が付いた。またフランス仕様車は、ヘッドランプにイエローバルブを用いた。

上：ポップアップした状態のヘッドランプ。この車ではサイドランプ／ウィンカーのレンズが白色／オレンジだが、仕向け地によってはすべて白いレンズを装着する車もある。
左：3連の後部ランプは365 GTC/4と同じ配列で並ぶ。

主要電装品

バッテリー	12V, Marelli 6ATP15, 77Ah
オルタネーター	Marelli GCA115A
スターターモーター	Marelli MT21T
点火装置	Marelli S138Bディストリビューター2個
	Marelli BZR201Aイグニッションコイル2個
スパークプラグ	Champion N6Y

365 GT4 2+2

サスペンション／ステアリング

前後のサスペンションシステムは、形式、使用コンポーネンツ、材質ともに365GTC/4と同一である。フロントは不等長ダブルウィッシュボーンにコイルスプリング／ダンパー、そしてロワーウィッシュボーンに接続されたスタビライザーを用いる。いっぽうリアは、フロントと同じ形式に加え、油圧式セルフレベリングユニットを装備する。

ステアリング系統も365GTC/4と同じで、パワーステアリングを備える。最小回転直径は13.2mである。

ブレーキ

これもやはり365GTC/4と同一のシステムを装備する。4輪とも鋳鉄製ベンチレーテッドディスク、各ホイール1個の4ポットキャリパーが付く。

バキュームサーボを備えたタンデム型マスターシリンダーを使用し、それが各輪の4ポットキャリパー内2組の対向ピストンに対し別々に油圧を供給する。リアブレーキの油圧回路にはプロポショーニングバルブが組み込まれる。2系統の油圧回路に圧力差が生じると、スイッチによってダッシュボードの警告灯が点灯。この警告灯はハンドブレーキを引いた状態、およびストップランプの球切れでも点灯する。ハンドブレーキも、ケーブルの長さが違う以外は365GTC/4と同様だ。

通常の使用条件下における推奨ブレーキパッドは、前後ともテクスターT259である。

ホイール／タイア

標準の5本スポーク型7.5×15インチ、軽合金ホイールも365GTC/4からそのまま受け継いだものだ。固定方法も同様に、角度の付いた3本耳のセンターナットを用いる。

ドイツ、オランダ、スウェーデン向けの車では、安全基準に則って耳のない8角のナットを使った。その場合、車載工具には通常の鉛製ハンマーの代わりに、特別なボックススパナが含まれた。

ファクトリーの発行物

1972年
- 365GT4 2+2のセールスカタログ。[ファクトリーの参照番号：69/72]
- 365GT4 2+2のオーナーズハンドブック。緑／黒／白の表紙。[75/73]

1973年
- 365GT4 2+2のメカニカル・スペアパーツカタログ。緑／黄／白の表紙。[78/73]
- 365GT4 2+2のセールスカタログ。([69/72]と同一)。[88/73]

生産データ

1972～1976年、シャシーナンバー：17091～19709、生産台数：521台（プラス3台のプロトタイプ）

サスペンションセッティング

前輪トーイン	+2～+3mm
前輪キャンバー	+0°40'～+1°
後輪トーイン	なし
後輪キャンバー	−1°20'～−1°40'
キャスター角	3°（固定）
前輪ダンパー	Koni 82T-1824
後輪ダンパー	Koni 82N-1825 +Koniセルフレベリングユニット

ホイール／タイア

ホイール前後	7½L×15 軽合金鋳造ホイール
タイア前後	Michelin XWX 215/70VR-15

3本耳のセンターナットで固定された、標準の5本スポーク型軽合金ホイール。ボラーニのワイアホイールも依然オプションとして用意されていたが、実際の装着例は少ない。ワイアホイールから軽合金ホイールへの移行は顧客に受け入れられた。

識別プレート

1. 車両型式／エンジン型式／シャシーナンバーを打刻したプレートをエンジンルーム右側のパネルに装着。その下にオイル類を記したプレートを装着。 2. シャシーナンバーをフレーム、右側の前部サスペンションスプリング取り付け部の付近に打刻。 3. エンジンナンバーをエンジン後部、ブロックの上面中央に打刻。 4. 車両型式とシャシーナンバーのプレートを、室内のステアリングコラムシュラウドの上面に装着。

Chapter 11
スペシャルモデル

　本書ではここまで、フェラーリが生産したフロントエンジンの量産モデルを取り上げてきた。1960年代中頃にフェラーリはすでに量産体制を確立しており、このカテゴリーから外れる車は比較的少ない。顧客の要望によって細かい変更が施された車でも、それが標準の仕様と大幅に異ならないかぎり、量産車として見なしている。

　しかし、そうした通常の生産車という定義にあてはまらない車もある。ファクトリーが製作した量産モデルのプロトタイプに加えて、コーチビルダーが手がけた特別なボディを持つ車が数多く存在する。本章ではそれらスペシャルボディのV12フェラーリを紹介するが、その前にやはり本書の主題から外れるモデル、330アメリカの写真を収録したのでご覧いただきたい。これは250GTシリーズの最後の発展モデルだが、本書でカバーする330モデルと同じ4ℓエンジンを搭載する。

　1965年、ピニンファリーナはオランダのベルンハルト王子のために、500スーパーファストのスタイルを持つ330GT 2+2を造った。この車のシャシーナンバー06267は、500スーパーファストとして誤ってリストアップされることが多い。1966年、ピニンファリーナはフェラーリと共同で、365Pの公道モデルを2台製作した。シャシーナンバーは08815と08971。このモデルは運転席が中央に位置する3シーターとして有名だ。ピニンファリーナがデザインしたスペシャルモデルはほかにもある。フロントエンジンの330GTC "スペチアーレ"（1967年、シャシーナンバー09439、09653）。ミドエンジンのデザインスタディ：1968年の250P5とP6、1970年の512Sとモデューロ。1969年、同じくピニンファリーナは、365GTB/4ベースで固定式ハードトップを持つワンオフスペシャルを製作した。シャシーナンバーは

1963年の330アメリカは、4ℓエンジンを搭載してはいるものの、実質的に250GTシリーズの発展モデルであり、したがって本書の主題からは外れる。

スペシャルモデル

12925（12585という記述を見ることがあるが、それは誤り）。ボディがメタリックブルーのこの車は、白いビニール張りのルーフパネルに、幅の広いステンレス製のロールバーと、ファスナーで脱着可能なリアウィンドーを組み合わせた独特のスタイルをしている。リアのオーバーハングは延長され、リアバンパーはフェンダー側面まで少し回り込む。当初この車はプレクシガラス製のカバーと固定式ヘッドランプを備えていたが、のちにリトラクタブル式ヘッドランプに改装された。

ほかのコーチビルダーも多くのスペシャルボディを製作した。アメリカでコレクターのビル・ハーラーが造らせた、タルガルーフの330GTS（シャシーナンバー10913）

テールのバッジ以外は、330アメリカはシリーズⅡの250GT 2+2とほぼ同様な姿をしている。バッジの処理は個々の車で多少異なり、"330 america"の文字がトランクリッドの中央（写真右）、または右側（写真下）の場合がある。

もその１台だ。ヴィニャーレはルイジ・キネッティのために、330GT 2+2（シャシーナンバー07963）をステーションワゴンに改装。ネンボ社は、同じく330GT 2+2（05805）をベースにスパイダーを製作。スイスのフェルバーは365GT4 2+2（18255）にステーションワゴンのボディを架装。ステーションワゴンというテーマでは、イギリスのパンサー・ウェストマインズも365GTB/4をベースに製作（15275）。フェルバーは２台の330GTCを"スパイダーコルサ"に、１台の365GTC/4（16017）をビーチカーに造り替えた。ミケロッティは２台の330GT 2+2をスパイダー（06109）とクーペ（09083）に仕立て直した。またミケロッティはNART（ルイジ・キネッティ率いるNorth American Racing Team）のために少なくとも４台の365 GTB/4に異なるボディを架装し、それらはNARTスパイダーと呼ばれた。モデナのフライ・スタジオ社は、Ｔバールーフと、テールまで繋がるリアクォーターパネルを持つ365GT4 2+2（17405）を製作。同じくモデナに本拠を構えるピエロ・ドロゴのカロッツェリア・スポーツカーズは、イタリアのナイトクラブ経営者、ノルベルト・ノヴァーロのために、330GT 2+2（07979）に角張った派手なボディを載せた。そのほか主に近年になってから、多くの275ＧＴＢや365GTB/4がルーフを切り落とされてスパイダーとなった。250GTOレプリカを製作するためのドナーとなった330GT 2+2もある。

ピニンファリーナが製作した2台の330GTC "スペチアーレ" の1台（シャシーナンバー09653）。リトラクタブル式のドライビングランプを持つノーズは、まさに365カリフォルニアだが、ボンネット中央のバルジがなく、フロントバンパーの下にエアインテークが付いた。

テールまで繋がるリアピラーが特徴的な330GTC "スペチアーレ" の後ろ姿。突き出た3連の丸型レンズは500スーパーファストと365カリフォルニアから受け継いだものだ。ドアハンドルのデザインはこの車にしか見られない。

このステーションワゴン版330GT 2+2（シャシーナンバー07963）は、ヴィニャーレがボディを架装した最後のフェラーリである。1968年のトリノショーで展示された。グリーンにゴールドのストライプが施されている。この時期のワンオフモデルはたいていそうだが、この車もキネッティ・ファミリーのために造られたものだ。

ミケロッティ・ボディの365GTB/4 NARTスパイダー（シャシーナンバー15965）。撮影場所は1975年のルマン。この車はプラクティスを走ったが、NARTからエントリーしたほかの出場車をめぐる主催者側とのトラブルから、ルイジ・キネッティはすべての車の出走を取りやめた。

365GTB/4 NARTスパイダー。右上の写真と同じシャシーナンバー15965だが、もっとあとで撮影されたものだ。赤に塗り直され、タルガトップを外した状態。NARTのバッジがフロントフェンダーに付いたが、テールの文字は外された。

同じくミケロッティによる365GTB/4 NARTスパイダーの別バージョン（シャシーナンバー16467）。後ろに見えるスタンダードの365GTS/4と比べると、ミケロッティとピニンファリーナというふたつのデザインスタジオから生まれたボディラインが好対照を成す。

スペシャルモデル

365GTB/4ベースのワンオフモデル（シャシーナンバー12925）。固定式のハードトップとファスナーで脱着可能なリアウィンドーを持つ。1969年にピニンファリーナが製作。スタンダードモデルよりもリアのオーバーハングが長く、バンパーもフェンダー側面まで回り込んでいる。

2台が製作されたミドエンジンの365Pトレ・ポスティ（3座席車）の1台（シャシーナンバー08815）。1970年代半ば、アメリカにて撮影した写真。運転席が車体中央に位置する。ボディラインはディーノ・シリーズに似ている。

同じシャシーナンバー08815。赤に塗り替えられた近年の姿である。ミドマウントされた4.4ℓV12の冷却用スロットが見える。大型のステンレス製ウィングは高速安定性を向上させるためのもの。

365Pのボディの木型。製作時に各パネルの形状を確認するために使われたものだ。3人が横に並ぶ座席配置を持つボディは、当然幅が広いが、この角度から見るとディーノ同様に美しい。

ピニンファリーナが1970年に製作したコンセプトカー、512モデューロ。その後ろに見えるのは、同じデザイナーによる1968年作のコンセプトカー、P6。初の12気筒ミドエンジン公道モデル、365GT/4BBのデザインモチーフがすでに認められる。

この512Sも、モデューロと同様、1970年にピニンファリーナがワンオフで製作したコンセプトカーだ。同様に5ℓのV12エンジンをキャビン後方に縦置きした。この時代はクサビ型のスタイルが流行していた。

Chapter 12
コンペティションモデル

275GTB/C

　1964年7月、ミッドエンジンの250／275LMを、250シリーズの発展モデルとしてGTクラスにホモロゲートしようと企てたフェラーリは、FIAからそれを拒否された。そこでファクトリーは、新たに登場予定の公道モデル、275GTBのコンペティション仕様の開発に目を向けたのである。1965年シーズンはACコブラが最大のライバルになると予想されていた。それゆえ、同じフロントエンジンで4輪独立懸架と250GTOの1割増しの排気量を持つ275GTBコンペティションなら、互角に渡り合えるはずであった。1964年はどうにかGT世界チャンピオンの座をACコブラに渡さずに済んだ250GTOだったが、苦戦は否めなかった。そこでフェラーリは1964年末から1965年初めにかけて3台の275GTBコンペティションを製作した（シャシーナンバー06701 GT、06885 GT、07217 GT）。1965年シーズンのGT選手権へのエントリーをもくろんで……。

　ところが、1965年4月、FIAは275GTBのホモロゲーションをも拒否したのである。ベースモデルで、すでに市販が始まっていた量産型275GTBのセールスカタログに掲載された車重に比べ、認定用に提出した車両の車重が軽すぎるという理由だった。議論の応酬のあと、フェラーリはセールスカタログに記された重量でホモロゲーションを受け入れてくれるよう、FIA側に提案した。だがFIAはその申し出を蹴った。怒ったフェラーリは、以後の交渉拒否と、1965年のGT選手権にエントリーしない旨を告げた。慌てたFIAは態度を翻した。どんな競技でも強力なライバルがいなければ勝負はつまらないし、観客も集まらないからだ。両者は歩み寄り、数値は妥協点に落ち着いた。フェラーリは1965年6月の初め、車重982kgで再びホモロゲーションを申請し、FIAによる認定は同月下旬に開催のルマンに間に合った。しかしこの時すでに、GTのチャンピオンシップ獲得のチャンスは失われていた。結局、政治的なごたごたのせいで、1965年シーズンに実戦に投入された275GTB/Cは、わずか1台（シャシーナンバー06885）しかなかった。この車はタルガ・フローリオとニュルブルクリンク1000kmではプロトタイプクラスを走り、ルマンでは

1965年の"ショートノーズ"仕様275GTB/C（シャシーナンバー07641）。モデル名と同じカリフォルニアのナンバーを持つ。フロントフェンダーのエナメル製バッジはNARTのもの。

コンペティションモデル

生産データ

プロトタイプ：1964年
シャシーナンバー06021GT

"スペチアーレ"：
1964、65年
シャシーナンバー
06701GT、06885GT、07217GT。
07185GTは、1966年にファクトリーによって同様なボディとメカニズム仕様にコンバートされた。

"ショートノーズ"：1965年
シャシーナンバー
07271、07407、07421、07437、07477、07517、07545、07577、07623、07641。

"ロングノーズ"：1966年
シャシーナンバー
09007、09015、09027、09035、09041、09051、09057、09063、09067、09073、09079、09085。

スタンダードの275GTBとの外観上の違いは、唯一、リアフェンダーに設けられたルーバーである。ただしこの車の場合、写真では見えないが、右側フェンダーにアルミ製のフューエルフィラーキャップを備える。

GTクラスにエントリーして2台の275LMに次いで総合3位に入賞。そして同年末にはバハマのナッソーで優勝を飾った。残るシャシーナンバー06701 GTおよび07217 GTは、前者がテストに使われたのみで、2台とも当時のレースには出場していない。

スタンダードなボディを持つ275GTB/Cと区別して275GTB/C "スペチアーレ" と呼ばれるその3台は、フェラーリのコンペティション部門で製作された。細部は1台ごとに異なるが、全体的なボディシェイプは似ている。その特徴は、330LMベルリネッタのようなノーズと、275GTBのキャビン部分、そして250GTルッソに似た形のボンネットのエアインテークである。これらの車は、外観もさることながら、その紙のように薄いアルミ製ボディの中身も、ベースモデルとは大きく異なる。エンジンのスペックは250／275LMとほとんど同一で、ドライサンプ式の潤滑系統と6連キャブレターを採用。シャシーを構成する鋼管は標準のロードカーに比べ小径で、軽量なものを用いた。室内では、GTOスタイルのアルミ製フレームのバケットシートを装着。内装はダッシュボードとドアのみと最小限で、天井の内張りはプラスチック製である。それ以外の室内は光沢のある塗装仕上げの表面がむき出しである。きわめて質素だが、それもそのはず、これらの車は250GTOで確立された伝統に則って純粋なレーシングカーとして造られたのだ。もしホモロゲーションが最初の申請時に認定されていたら、おそらくGTOと同様に勝利を重ね、1965年版GTOと呼ばれていたに違いない。

1965年は、ファクトリーのレーシング部門によって、顧客向けに10台のコンペティションベルリネッタが軽量なアルミボディのロードカーをベースに製作された。いずれも元は "ショートノーズ" モデルで、パワートレーンを計7個のマウントでシャシーに搭載。潤滑系統はウェットサンプ式で、最初に造られた275GTB/C "スペチアーレ" よりも、ロードバージョンの275GTBに近い仕様の車であった。公道仕様との違いは、肉厚が薄いボディのアルミパネル、最小限の遮音材と内装、トランク前部に据え付けられた140ℓのフューエルタンク、バルブリフトの大きいカムシャフト、6連のウェバー49DCN/3キャブレターである。エンジンは最高の性能を発揮するように、慎重にチェックされ、組み立て時に各部のバランス取りを入念に行ったものだ。フューエルタンク位置の変更に伴い、リアパーセルシェルフが上に持ち上げられ、また多くの車で右側リアフェンダーまたはリアクォーターパネルにアルミ製のクイックリリース式フィラーを備えた。これらの "C" バージョンは通常、ワイヤホイールを装着した。その場合、フロントにはスポークの張り方が特別なホイールを用いた（普通はリムの内側寄りの部分とハブとの間にスポークを張るが、これはリムの外側寄りの部分とハブとの間にもスポークを張った）。この10台の車に対するファクトリーの生産指示書には、識別のための末尾記号は何も付かず、通常仕様の生産車と異なる指示は記されていない。バンパーを装着した車や、フロントフェンダーの下側（ヘッドライトの下）に四角いドライビングランプが埋め込まれた車もある。リアフェンダーの後端に垂直なスロットが付いた車、あるいはいずれかの特徴を複数備えた車も存在する。

1966年に入ると、コンペティション向けの開発はさらに進み、いくつかの装備に対するホモロゲーションの

275GTB/C "スペチアーレ"（シャシーナンバー06701）。こちらは標準仕様の275GTBとの違いが一目瞭然である。延長されたノーズに、カバーの付いたドライビングランプとブレーキ冷却用のエアインテークを持ち、膨らみの増したフェンダーとサイドランプ／ウィンカーの位置変更、リアフェンダーのルーバーが特徴だ。現在は、のちの10穴デザインの軽合金ホイールを装着しているが、新車時は"スターバースト"型ホイールを履いていた。

シャシーナンバー06701のキャブレターに装着された、きわめて原始的なメッシュ式のエアクリーナー。

追加申請が行われた。ところが提出時のミスで6連キャブレターが申請から漏れた。したがってこのシリーズはすべて最初は3連キャブレターを装着した。これらはファクトリーのコンペティション部門によって造られた最後のフェラーリGTカーとなる（その後の365GTB/4Cと512BB/LMはモデナにある顧客サービス部門にて造られた）。また、ワイアホイール（リムの外側寄りの部分とハブの間にもスポークを張ったもの）を装着した最後のコンペティション・フェラーリでもあった。いずれも2カムシャフト275GTBの生産が終了し、4カムシャフトモデルの生産に移行した頃に造られた。ファクトリーは、1965年に生産の車についてはコンペティション仕様であることを示さなかったが、1966年に送り出さ

コンペティションモデル

275GTB/C "スペチアーレ"（シャシーナンバー06885）。左ページの06701と比べると、リアフェンダーの膨らみがさらに増し、大型化されたリアスポイラーに向かう後部のラインはゆるやかになった。また、車体下面の前端と後端には、クイックリフト式ジャッキをあてがうブラケットが取り付けられた。イエローのペイントは、ベルギーのインポーター、エキュリー・フランコルシャンのカラーである。同チームから1965年のルマンにエントリーしたこのマシーンは、見事クラス優勝と総合3位を獲得した。

れた車では、最初の3台のスペチアーレと同様、"C"という略号が正式なモデル名の一部となった。

1966年型275GTB/Cは、標準の"ロングノーズ" 2カムシャフトの275GTBと同様な姿に見えるが、実際はまったくの別物である。ボディに使われたアルミ板は、通常にオプション設定されていたアルミボディ用よりも薄いものだ。あの250GTOでさえ、ここまで薄いアルミ板は使っていない。したがって非常に変形しやすく、人がもたれかかっただけで凹むほどだった。それまでバンパーはシャシーに取り付けられていたが、この新しい生産車では、はるかに軽量なバンパーをボディに装着し、不注意にバンパーに足を乗せただけで損傷する恐れすらあった。直径、リム幅ともに拡大されたボラーニのワイアホイール（フロントが7×15のRW4010型、リアが7.5×15のRW4011型）がすでにホモロゲートされており、それに合わせてフェンダー（特にリア）が大きく膨らんだ。ガラスが使われたのはフロントウィンドー（合わせガラス）のみで、ほかのすべての窓はプレクシガラス製である。非構造材であるボンネット、トランクリッド、ドアのフレームには穴をあけてさらなる軽量化を図った。内装は最小限に留められ、遮音材は省かれた。アルミ製のフロアパンは、軽量なシートフレームさえボルト留めできないほどで、したがってそれはシャシー側に設けたマウントを介して取り付けられた。2個のアルミ製フューエルタンク（表面はグラスファイバーの吹き付け塗装）はトランクルームの左右に、当時のFIA規定に

基づいて"スーツケース"のように収められた。スペアホイールはトランクの前部に水平に置いた。

エンジンには様々な変更が加えられている。出力のアップはもちろん、競技という厳しい条件下における潤滑性能の向上、そして軽量化を図るためだ。このエンジンブロックは依然4カ所で搭載されるが、ラバーマウントは使われていない。プロペラシャフトは改良後のものだ（径が太く、両端にユニバーサルジョイントを備える）。トランスアクスルにはマグネシウム合金のケースと、クロスレシオのギアセット、強化型リミテッドスリップ・ディファレンシャル、そしてギア比の選択肢が広いファイナルドライブ（詳細は275GTBの章の表を参照）が与えられた。

エンジンは各部の潤滑と温度を適正に保つため、潤滑方式にドライサンプを採用した。オイルタンクを、運転席とは反対側のフロントフェンダー、バッテリーの下に置き、オイルクーラーをラジエター前方のノーズに設置した。この潤滑システムは275GTB/4とほぼ同じである。重量を減らすため、オイルパン、クラッチベルハウジング、カムシャフトカバー、タイミングチェーンケースはマグネシウム合金で作られた。性能アップに関する変更では、特製のクランクシャフト、レース用鍛造ピストン（圧縮比9.3：1）、特製コンロッド、ハイリフトのカムシャフト、ニモニック（ニッケルクロム合金）製バルブ（排気側は放熱性の高いナトリウム封入型）を採用した。インテークマニフォールドには3連のウェバー40DFI13型キャブレターを装着し、エアボックス内に後ろ向きに曲がった独特のエアファンネルを持つ。エグゾーストシステムも大径となった。

こうしてきわめて高い戦闘力を持つコンペティションGTカーが誕生し、フェラーリは1960年代後半には3年連続でルマンでGTクラス優勝を飾った。1965年はシャシーナンバー06885の"スペチアーレ"、1966年は09035、1967年は09079である。シャシーナンバー06885がプロトタイプクラスにエントリーしたふたつのレース、1965年のタルガ・フローリオとニュルブルクリンクを除いて、275GTBのコンペティション活動はすべてプライベートあるいはディーラー系チームによるものだ。275GTB/Cはルマンでは250GTOのような輝かしい戦績は残さなかったかもしれない。だが、その3年間は、総合優勝を勝ち取るために必要な車に求められる条件が、短期間に劇的に変化した厳しい時期であった。それを確かめるために、ルマンのGTクラスのリザルトにもういちど注目してみたい。1965年のGTクラス優勝車は総合でも3位に入賞していた。だが1966年になると同じクラス優勝でも総合では8位、1967年に至っては総合11位に落ちている。純粋なレーシングカーと、公道モデルに手を加えたマシーンとの格差が急速に広がっていたことがわかる。もっとも、次に述べる365GTB/4Cに代表されるように、耐久レースでは信頼性が勝負を左右する場合も多い。

1966年の"ロングノーズ"仕様の275GTB/C（シャシーナンバー09067）は、1965年の"ショートノーズ"モデルと同様、標準仕様のロードカーとほぼ同一の外観をしているが、ボディに使われたアルミパネルはきわめて薄く、バンパーはシャシーではなくボディに直接装着された（したがって、左右のバンパーを結ぶバーも実際にはその役を果たさない）。

コンペティションモデル

シャシーナンバー09067のエンジンルーム。後方に曲がったエアファンネルを持つ3連キャブレターと、箱型で全体を覆ったメッシュフィルターが、後期型275GTB/Cの特徴である。このエンジンは、2カムシャフトのロードモデルとは異なり、ドライサンプを採用した。

365GTB/4C

365GTB/4Cは、比較的短期間で終わったファクトリーによるフロントエンジンGTをベースとしたコンペティション向け開発の最後のマシーンである。また、このモデルは、主としてアメリカのインポーター、ルイジ・キネッティからの強い要請によって製作された。彼はファクトリーに依頼して、1969年のルマン24時間に出場するためにアルミボディの車（シャシーナンバー12547）を製作させた。この車は完成が遅れ、キネッティはマラネロからルマンに向かう途中で慣らし運転を済ませて、プラクティスに臨んだ。その苦労もむなしく、マシーンは第1セッションでクラッシュし、それ以上プラクティスを続けられなかったが、優れた素質をかいま見せ、今後の開発による戦闘力のアップが期待された。この車は修理後、1970年1月のデイトナ24時間で初めてレースを走った（結果はクラッチトラブルに見舞われ、15時間後にリタイア）。キネッティがモディファイした2台めの車（12467）は、1971年のルマンでスポーツカークラスにエントリーし、予選は33位だったが、決勝では素晴らしい走りを見せて総合5位でゴール。そのほか熱効率指数賞を獲得した。もしGTクラスのホモロゲーションを受けていれば、クラス優勝もたやすかったはずだ。

おそらく、こうしたキネッティによる活動に刺激されて（また、ディーラー系およびプライベートチーム向けにプロトタイプクラス・マシーンを開発する費用や、彼らからの要求も増すいっぽうだったことも影響して）、フェラーリは275GTBコンペティション仕様車のシリーズ生産を決めた。製作はモデナにある顧客サービス部門のワークショップで1971年の夏（最初の試みからすでに2年が経過していた）に始まり、秋に開催のトゥール・ド・フランス・オートまでに完成した。

この最初のシリーズ生産車は5台である。すべてアルミボディで、バンパーを持たず、チンスポイラーとフロントフェンダー上面に空力特性を高める小さなヒレが装着され、前後のホイールアーチにはわずかにフレアが付いた。ホモロゲートされたフロント8または8.5、リア8.5または9インチのホイールを履くためである。シリーズⅠの5台のうち、レース歴のない1台（14429）はこの控えめなフェンダーフレアを維持した。しかし、あとの4台は積極的にレース活動を続け、さらに幅の広いタイアとホイールが収まる巨大なフェンダーフレアを備えるなど、その後新たにホモロゲートされた仕様に進化していった。

シリーズⅠでは、サイドシルの後端付近に小さな四角いエアスクープが設けられ、それがリアブレーキに冷却風を導いた。ツインのヘッドランプはノーズの一部を形作るプレクシガラスの下に固定され、その下側には補助ランプを装備するスペースも確保された。合わせガラスを用いたフロントウィンドー以外、ウィンドー類はすべてプレクシガラス製である。フューエルタンクはロードカーと同じで、フューエルフィラーは左側リアフェンダーのリッドの下に位置する。だがこれも、ほかの部分と

ルイジ・キネッティの要請でコンペティション向けに開発された最初の365GTB/4（シャシーナンバー12547）。白と青のストライプのデカールと、側面に出されたエグゾーストパイプ、外側に付いたフューエルフィラーキャップ、そしてオールアルミのボディを除けば、プレクシガラスのヘッドランプカバーを備えた標準の量産モデルと同じに見える。

同様、のちにラバーバッグ内蔵の安全タンクと、右側に付いたクイックリリース式フィラーに変更される。

　室内に目を向けると、内装は最小限にとどめられ、遮音材はほとんどない。ダッシュボードは金属面に黒い縮み模様の塗装を施しただけだ。ただしグローブボックスリッドのみ、公道仕様と同じアルカンタラ張りのまま残っている。バケット型のシートは座面がファブリック、サイドサポート部が革張りで、4点式シートベルトを備える。ステアリングホイールは直径360mmの革巻きである。ドアパネルとセンタートンネルは黒いビニール張り。バルクヘッドの中央と助手席側には、灰色で菱形のキルティング模様の遮熱材が張られた。同様なキルティングパターンは天井の内張りにも見られる。サイドシルとリアホイールアーチの内側、リアシェルフは黒の薄いフェルト張りだ。それ以外の表面は、シルバーの場合もある6点式ロールケージを除いて、すべて光沢のある黒に塗られた。三角窓の留め金やサンバイザーといった不要な装備は取り外されている。内側のドアレバーはプラ

シャシーナンバー12547のエンジンルーム。外観上の大きな違いは、黒い縮み模様塗装のエアボックスくらいだ。これはラジエター前方に設けられたグリルの開口部から、キャブレターに直接エアを送り込む。この配置は以後のすべての365GTB/4Cで共通する。

コンペティションモデル

シャシーナンバー12547の室内。量産モデルとほとんど差はない。大きな違いは、黒い縮み模様に塗装されたダッシュボードと、ファブリック製のシート中央部である（後者はロードモデルでもオプション設定されていた）。

生産データ

シリーズ生産前：
アルミボディで製作されたシャシーナンバー12547が、初めて国際的なコンペティションにエントリーした365GTB/4となった。チームはルイジ・キネッティの率いるNART。
彼はその後、標準仕様で生産された12467を、コンペティション仕様にモディファイした。

シリーズⅠ：1971年、5台。
シャシーナンバー14407, 14429, 14437, 14885, 14889。

シリーズⅡ：1972年、5台。
シャシーナンバー15225, 15373, 15667, 15681, 15685。

シリーズⅢ：1973年、5台。
シャシーナンバー16343, 16363, 16367, 16407, 16425。

ルイジ・キネッティはこの時期、さらに4台の365GTB/4をコンペティション仕様にコンバートしている。
シャシーナンバー13367と13855はモデナのSport Autoが、14065と14141はカリフォルニアのTraco Engineeringが担当した。
1975年、彼はさらにミケロッティに依頼して何台かの365GTB/4のボディを造り替えた。そのうちの1台、シャシーナンバー15965は同年のルマンのプラクティスを走った。
当時、コンペティション仕様にモディファイされた最後の365GTB/4は、ベルギーのエキュリー・フランコルシャンが手がけたシャシーナンバー16717である。

当時のアマチュアドライバーによって数台の365GTB/4がコンペティション仕様に改造されたため、その後も同様なコンバージョンを受けた車はあるが、一般に、正規のコンペティション仕様車と認められるのは上記の車のみである。

スチックの被覆が付いたワイアである。

エンジン自体は、標準仕様との差はほとんどない。各部のバランス取りと組み立てが特に入念に行われた程度だ。6連のウェバー40DCN21は、エアファンネルのまわりを取り囲むようにアルミ製のエアボックス（幅155×高さ100mm）が装着された。エグゾーストマニフォールドは標準より大径で排気効率が高い。それが片バンク2本のパイプにまとめられ、サイレンサーなしにドアの下から側方に排気する。

15インチのホイールは8角のセンターナットで固定された。ベンチレーテッドディスクと、サーボ付きのブレーキ系統は標準のままだ。サスペンションは硬めのスプリングとダンパー（フロントがコニ82P1833、リアが82P1834）を装着し、スタビライザーも前24mm、後22mmと太くなり、ネガティブキャンバーが少し増した。

1972年の初めに造られたシリーズⅡは、新たにホモロゲートされた前9×15、後11×15ホイールに合わせて、さらにホイールアーチを拡大したボディを持つ。これらの軽合金ホイールは、ロードカーに使われたのがクロモドラ製だったのに対して、カンパニョーロ製である。ボディの材質は標準仕様と同じスチールになった（ドアとボンネット、トランクリッドはアルミ製パネル）。ウィンドーガラスの材質はシリーズⅠから変更はない。オイルパン・ガードとして同時に認定を受けたアルミ製アンダートレイによって、エンジンルーム下面の空気の流れがスムーズになった。総容量120ℓの安全タンクを積み、クイックリリース式フィラーがリアフェンダー右側に付いた。新しい安全規定に基づいて、フロントフェンダー右側には、外部から操作するためのバッテリーカットオフスイッチと消火器のスイッチが付いた。室内の構成に変更はない。

機構的な部分に関してシリーズⅠから大きく異なる部分は、燃料系統に設けられたサブタンクである。2基のベンディックス製フューエルポンプがメインタンクからサブタンクへ、もう2基のポンプがサブタンクからキャブレターへと燃料を送り出す（後者はリターン回路を持つ）。短いステアリングアームがホモロゲートされ、ロックトゥロックが3.25から2.9回転となった以外は、サスペンションとステアリングはほぼ同じである。

シリーズⅢの車はシリーズⅡとほとんど同一に見えるが、ボンネットとトランクリッドはアルミ製ながら、ドアはシャシーナンバー15701以降の公道仕様車と同様にスチール製となった。左右のリアフェンダーの窪みに、アルミ製のプッシュ式フューエルフィラーキャップが設けられた。チンスポイラーは幅が狭まったものの、丈が増した。すでに各レーシングチームは空力パーツについて独自の工夫を加えるようになっていたが、オリジナルの形状からそう大幅に変更したものはなかったから、ファクトリーの考案したものが空力的に優れていたことがわかる。ウィンドーはすべてガラスに戻った。室内は従来と同じだ。

エンジンは度々モディファイを受けていた。ピストンとコンロッドの変更により圧縮比を高め、ハイリフトのカムシャフトを採用、バルブタイミングを変更するなどして、パワーアップを達成。エアボックスも大型化され、エグゾーストマニフォールドも大径のもの（38mmまたは42mm）を装着、それに合わせて最適なバルブタイミングを設定した。

サスペンションは外部から調整可能なコニ製ダンパー（8201T型、前後で設定が異なる）を備えた。スタビラ

365GTB/4Cの3つのシリーズ。写真上：5台が製作されたアルミボディのシリーズⅠで、唯一、最初のボディ形態を保っているシャシーナンバー14429。コンペティションで使われなかったため、その後の仕様変更を受けていない。
中：スチールボディのシリーズⅡ、シャシーナンバー15681。1972年のルマンにエントリーしたマラネロ・コンセッショネアーズのカラリング。
下：シリーズⅢ、シャシーナンバー16363。総合電気メーカーのトムソンによるスポンサードで1973年のルマンを走った。

イザーは前26mm、後23mmとさらに太くなり、後者はラバーブッシュを廃して直にシャシーに取り付けられた。フロントホイールはネガティブキャンバーがわずかに小さくなり、キャスター角が増した。ブレーキサーボは省かれ、タンデム型マスターシリンダーを持つ2系統（前後が独立）のブレーキシステムを採用。ブレーキキャリパーは、耐久レースでパッド交換の回数を減らすために、標準より2倍厚いパッドを装着できるように改造された。

3つのシリーズのうち、シリーズⅠはすべて左ハンドルだが、シリーズⅡとⅢはそれぞれ右ハンドル仕様が1台造られた。レースで使われた車は、途中でその後の仕様に変更されることが多かった。したがって、シリーズⅠあるいはⅡでありながら、シリーズⅡやⅢの仕様を備えている車も珍しくない。

365GTB/4Cはレースシーンで幅広い活躍を見せた。1972年のルマンでは総合で5位から9位までに名を連ね、GTクラスでは上位5位すべてを独占した。同年のトゥール・ド・フランス・オートでは1位、2位を獲得。1973年と74年は、ルマンで再びGTクラスのウィナーとなり、総合でもそれぞれ6位と5位に入賞した。最後の檜舞台は1979年のデイトナ24時間で、ジョン・モートンとトニー・アダモウィッツが総合2位でゴールした。このリザルトは人々に強い印象を与えた。なぜならそれが365GTB/4という6年も前の車によるものであり、また彼らのチームマネジャー、オットー・ジッパーがレース前に急死していたからだ。ボンネットには弔意を表す黒いストライプが斜めに入っていた。

365GTB/4は上記以外にも、何年にもわたって耐久イベントで数々の好成績を挙げた。1979年のデイトナ24時間で2位に入賞したシャシーナンバー16407は、1981年までレース活動を続けた。この時すでに365GTB/4が最初にコンペティションシーンに姿を現した1969年から12年、生産中止となった1973年から8年もの歳月が経過していた。継続して開発された期間が比較的短かったにもかかわらず、これほど長い間にわたって高い戦闘力を維持した車はきわめて稀だ。パワーと信頼性の見事な両立が、365GTB/4を歴史に残るGTクラスの名車にしたのである。